工业和信息化精品系列教材

网络技术

Network Technique

软件定义网络 (SDN) 技术与应用

欧国建 ◉ 主编

秦长春 杨帆 童亮 赵瑞华 ◉ 副主编

人民邮电出版社

北京

图书在版编目（CIP）数据

软件定义网络（SDN）技术与应用 / 欧国建主编. --
北京 ： 人民邮电出版社，2022.8
工业和信息化精品系列教材. 网络技术
ISBN 978-7-115-20390-8

Ⅰ. ①软… Ⅱ. ①欧… Ⅲ. ①计算机网络—教材
Ⅳ. ①TP393

中国版本图书馆CIP数据核字(2021)第260300号

内 容 提 要

本书较为全面地介绍了软件定义网络（SDN）的技术与应用，全书共 7 章，从两个方面对软件定义网络进行讲解。第一方面主要介绍软件定义网络的技术和体系结构，包括 SDN 简介、SDN 原理、OpenFlow 协议、软件交换机 OVS 的应用和 SDN 控制器；第二方面主要介绍软件定义网络的应用实践，包括 Mininet 的应用实践和 OpenDaylight 的应用实践。

本书可以作为高职高专计算机相关专业软件定义网络课程的教材，也可作为软件定义网络开发的参考书和广大计算机爱好者的自学用书。

◆ 主　　编　欧国建
　　副主编　秦长春　杨　帆　童　亮　赵瑞华
　　责任编辑　郭　雯
　　责任印制　王　郁　焦志炜
◆ 人民邮电出版社出版发行　　北京市丰台区成寿寺路 11 号
　　邮编　100164　　电子邮件　315@ptpress.com.cn
　　网址　https://www.ptpress.com.cn
　　大厂回族自治县聚鑫印刷有限责任公司印刷
◆ 开本：787×1092　1/16
　　印张：9.25　　　　　　　　　　　2022 年 8 月第 1 版
　　字数：175 千字　　　　　　　2024 年 12 月河北第 7 次印刷

定价：39.80 元

读者服务热线：(010)81055256　印装质量热线：(010)81055316
反盗版热线：(010)81055315
广告经营许可证：京东市监广登字 20170147 号

前言 PREFACE

软件定义网络（Software-Defined Networking，SDN）是由美国斯坦福大学 Clean Slate 项目研究组提出的一种新型网络架构，是网络虚拟化的一种实现方式。其核心技术 OpenFlow 通过将网络设备的控制面与数据面分离而实现网络流量的灵活控制，使网络作为"管道"变得更加智能，为核心网络的创新应用提供了良好的平台。

SDN 是继云计算、移动互联网、大数据等概念之后，信息通信领域又一热议的技术，被称作"下一次网络革命"，对下一代互联网的发展有着重要的影响，正受到全球信息通信行业的广泛关注与重视，将给行业带来一场巨大的变革。SDN 能够极大地提升现有网络的可控性、可管性和灵活性，并能有效降低网络服务提供者的投资成本和运营管理成本。SDN 正朝着更加开放、更加智能、更大规模的方向演进，将更好地支撑未来网络的发展。

本书采用"教、学、做一体化"的教学方法，可为培养应用型人才提供合适的教学与训练内容。本书以 SDN 的应用开发为主线，对 SDN 的原理、体系结构、开发环境的搭建和具体的应用开发，进行了系统、全面的梳理。读者在学习本书 SDN 技术的过程中，不仅能快速入门，还能进行 SDN 的基础实例的开发，实现相应功能。

本书的编者有着丰富的教育教学经验，完成了多轮次、多类型的教育教学改革与研究工作。

本书主要特点如下。

1. 实例开发与理论教学紧密结合

为了使读者快速掌握 SDN 开发技术，本书在相关章节重要知识点后面设计了相关实践，在实践中对实例进行详细的讲解，以便读者更好地掌握相应的技术知识。

2. 组织合理、有效

本书按照由浅入深的讲解方式，在帮助读者逐渐理解 SDN 原理的同时，结合基本框架开发技术，实现技术讲解与训练合二为一，有助于"教、学、做一体化"教学方法的实施。

本书由欧国建任主编，秦长春、杨帆、童亮、赵瑞华任副主编，秦长春主审，欧国建统编全稿。本书是与重庆国雄科技有限公司联合编写的成果。本书的配套资源，读者可登录人邮教育社区（www.ryjiaoyu.com）进行下载。

由于编者水平有限，书中不妥与疏漏之处在所难免，请广大读者批评指正。编者的电子邮箱为 ouguojian@cqcet.edu.cn。

编　者
2022 年 2 月

目录 CONTENTS

第1章

SDN 简介 ··· 1

第2章

SDN 原理 ··· 6

第 3 章

第 4 章

第 5 章

第 6 章

Mininet 的应用实践 ·· 97

第 7 章

第1章
SDN简介

01

【学习目标】

- 了解SDN产生的背景
- 了解SDN的起源
- 了解SDN的发展历程

软件定义网络（Software-Defined Networking，SDN）是由美国斯坦福大学 Clean Slate 项目研究组提出的一种新型网络架构，是网络虚拟化的一种实现方式。其核心技术 OpenFlow通过将网络设备的控制面与数据面分离而实现网络流量的灵活控制，使网络作为"管道"变得更加智能，为核心网络的创新应用提供了良好的平台。

1.1 SDN 产生的背景

传统网络的层次结构是互联网取得巨大成功的关键。但是随着网络规模的不断扩大，封闭的网络设备内置了过多的复杂协议，提高了运营商定制优化网络的难度，导致科研人员无法在真实环境中规模化部署新协议。同时，互联网流量的快速增长、用户对流量的需求不断扩大、各种新型服务的不断出现等增加了网络运维成本。

另外，经过数十年的发展，IP 网络从最初满足简单 Internet 服务的网络，演进成能够提供涵盖文本、语音、视频等多媒体业务的融合网络。其应用领域也逐步向社会生活的各个方面渗透，影响和改变着人们的生产和生活方式。随着互联网业务的发展，网络也面临着一系列问题。

（1）设备日趋复杂。IP 技术使用"打补丁"式的演进策略，使得设备的功能和业务越来越多，复杂度显著提高。

（2）管理运维复杂。当前网络在部署一个全局业务策略时，需要逐一配置每台设备。随着网络规模的扩大和新业务的引入，管理运维变得更加复杂。

（3）网络创新困难。IP 网络控制面和数据面深度耦合，分布式网络控制机制使得任何一种新技术的引入都严重依赖网络设备，并需要多个网络设备同步更新，导致新技术的部署周期较长（通常需要 3～5 年），严重制约了网络的演进和发展。

（4）成为新业务发展的瓶颈。随着云计算业务的发展和大数据服务的兴起，传统网络技术及架构无法满足新业务所需的动态配置、按需调用、自动负载均衡等需求。

为从根本上解决上述网络问题，业界一直在探索技术方案以提升网络的灵活性，其要义是打破网络的封闭架构，提高网络的可编程能力。经过多年的技术发展，SDN 应运而生。

1.2 SDN 的起源

2006 年，SDN 诞生于美国全球网络调研环境（Global Environment for Network Investigations，GENI）项目资助的斯坦福大学的 Clean Slate 项目。该项目的最终目的是改变已不合时宜且难以演进和发展的现有网络基础架构。该项目试图通过一个集中式的控制器，让网络管理员可以方便地定义基于网络流的安全控制策略，并将这些安全控制策略应用到各种网络设备中，从而实现对整个网络通信的安全控制。在项目研发过程中，尼克·麦基翁（Nick McKeown）教授等人发现，如果将传统网络设备的数据转发和路由控制两个功能模块相分离，通过集中式的控制器（以标准化的接口）对各种网络设备进行管理和配置，将为网络资源的设计、管理和使用提供更多的可能性，从而更容易推动网络的革新与发展。于是，其提出了 OpenFlow 和 SDN 的概念，即将网络中所有的网络设备视为被管理资源，并参考操作系统的原理，抽象出一个网络操作系统的概念。这样，基于网络操作系统这个平台，用户可以开发各种应用程序（Application Program，App），通过软件来定义逻辑上的网络拓扑，以满足用户对网络资源的不同需求，而无须关心底层网络的物理拓扑结构。

1.3 SDN 的发展历程

2006 年，SDN 诞生。

2007 年，斯坦福大学的学生马丁·卡萨多（Martin Casado）领导了一个关于网络安全与管理的项目 Ethane。

2008 年，基于 Ethane 及其前续项目 Sane 的启发，尼克·麦基翁教授等人提出了

OpenFlow 的概念，并于当年发表了题为 *OpenFlow Enabling Innovation in Campus Networks* 的论文，首次详细地介绍了 OpenFlow 的概念。该论文除了阐述 OpenFlow 的工作原理外，还列举了 OpenFlow 的几大应用场景。

2009 年，基于 OpenFlow 为网络带来的可编程的特性，尼克·麦基翁教授和他的团队进一步强化了 SDN 的概念。同年，OpenFlow 入围 *MIT Technology Review* 杂志评选的年度十大前沿技术，自此获得了学术界和工业界的广泛认可和大力支持。

2009 年 12 月，OpenFlow 具有里程碑意义的可用于商业化产品的 1.0 版本发布了。OpenFlow 在 Wireshark 抓包分析工具上的支持插件、OpenFlow 的调试工具、OpenFlow 虚拟计算机仿真（OpenFlow VMS）等已日趋成熟。OpenFlow 的发展经历了 1.1、1.2 及 1.3 等版本。OpenFlow 1.4 已通过开放网络基金会（Open Networking Foundation，ONF）内部审阅，于 2013 年获得批准发布。

2011 年 3 月，在尼克·麦基翁教授等人的推动下，ONF 成立，ONF 主要致力于推动 SDN 架构、技术的规范和发展。ONF 成员共 96 家，其中创建该组织的核心成员有 7 家。

2011 年 4 月，美国印第安纳大学、Internet2 联盟与斯坦福大学 Clean Slate 项目研究组宣布联手开展网络开发与部署行动计划（Network Development and Development Initiative，NDDI），旨在共同创建一个新的网络平台与配套软件，以革命性的新方式支持全球科学研究。NDDI 利用了 OpenFlow 提供的"软件定义网络"功能，并将提供一个可创建多个虚拟网络的通用基础设施，允许网络研究人员应用新的 Internet 协议与架构进行测试与实验，同时帮助科学家通过全球合作促进研究。

2011 年 12 月，第一届开放网络峰会在北京召开，此次峰会邀请了国内外在 SDN 方面先行的企业介绍其在 SDN 方面的成功案例；同时，世界顶级互联网、通信网络与 IT 设备集成商在峰会上探讨了如何在全球数据中心部署基于 SDN 的硬件和软件，为 OpenFlow 和 SDN 在学术界和工业界做了很好的介绍和推广。

2012 年 4 月，ONF 发布了 SDN 白皮书 *Software-Defined Networking The New Norm for Networks*，其中介绍的 SDN 三层模型获得了业界的广泛认可。

2012 年，SDN 完成了从实验技术向网络部署的重大跨越：覆盖美国上百所高校的 Internet2 联盟开始部署 SDN；德国电信等运营商开始开发和部署 SDN；成功推出 SDN 商用产品的新兴的创业公司在资本市场上备受瞩目，Big Switch 公司两轮融资超过 3800 万美元（约合 24700 万元）。

2012 年 4 月，谷歌公司宣布其主干网络已经全面运行在 OpenFlow 上，并通过 10Gbit/s 的网络连接速度分布在全球各地的 12 个数据中心上，使广域线路的利用率从 30% 提升到接近饱和，从而证明了 OpenFlow 不再仅是停留在学术界的一个研究模型，而已经完全具备了可以在产品环境中应用的技术成熟度。

2012 年 7 月，SDN 先驱者、开源政策网络虚拟化私人控股公司 Nicira 以 12.6 亿美元（约合 82 亿元）的价格被 VMware 公司收购。Nicira 是一家创业公司，它基于开源技术 OpenFlow 创建了网络虚拟平台。OpenFlow 是 Nicira 公司联合创始人马丁·卡萨多在斯坦福大学攻读博士学位期间创建的开源项目，马丁·卡萨多和两位斯坦福大学教授尼克·麦基翁与斯科特·申克（Scott Shenker）是 Nicira 公司的创始人。VMware 公司的收购将马丁·卡萨多十几年来所从事的技术研发工作全部变成了现实——把网络软件从硬件服务器中分离出来，这也是 SDN 走向市场的第一步。

2012 年，国家 863 计划基金资助项目"未来网络体系结构和创新环境"获得中华人民共和国科学技术部批准。它是一个符合 SDN 思想的项目，主要由清华大学牵头，清华大学、中国科学院计算技术研究所、北京邮电大学、东南大学、北京大学等分别负责各课题，项目提出了未来网络体系结构创新环境。基于这种体系结构，SDN 将支撑各种新型网络体系结构和 IPv6 的研究试验。

2012 年年底，AT&T、英国电信、德国电信、Orange、意大利电信、西班牙电信和 Verizon 等公司联合发起成立了网络功能虚拟化（Network Functions Virtualization，NFV）产业联盟，旨在将 SDN 的理念引入电信业。NFV 产业联盟由 52 家网络运营商、电信设备供应商、IT 设备供应商以及技术供应商组成。

2013 年 4 月，思科公司和 IBM 公司联合微软、Big Switch、博科、思杰、戴尔、爱立信、富士通、英特尔、瞻博网络、NEC、惠普、红帽和 VMware 等公司发起成立了 OpenDaylight，与 Linux 基金会合作，开发 SDN 控制器、南向/北向应用程序接口（Application Program Interface，API）等软件，旨在打破大公司对网络硬件的垄断，驱动发展网络技术创新力，使网络管理更简单、更廉价。这个组织中只有 SDN 的供应商，没有 SDN 的用户——互联网或者运营商。OpenDaylight 涉及的范围包括 SDN 控制器、API 专有扩展等，并宣布要推出工业级的开源 SDN 控制器。

2013 年 4 月底，中国首个大型 SDN 会议——中国 SDN 大会在北京召开，三大运营商担任主角。中国电信主导在现有网络中引入 SDN 的需求和架构研究，并已于 2014 年 2 月成功立项 S-NICE 标准，S-NICE 是在智能管道中使用 SDN 技术的一种智能管道应用的特定形式；中国移动则提出了"SDN 在 WLAN 上的应用"等课题。

2014 年，逐渐开始有公司报道在生产环境中应用了 SDN。

2015 年，谷歌公司确认在其 Jupiter & Andromeda 项目中采用 SDN 来管理大规模环境。

2016 年，国内 SDN 初创公司云杉网络和大河云联分别获得资本的青睐，盛科网络公司完成战略融资。外国 SDN 初创公司 VeloCloud、Plexxi、Cumulus 和 Big Switch 都获得了新一轮融资。IEEE 召开了 NFV-SDN 会议，网络编程语言的研究受到了学术界的重点关注。SDN-IoT 学术研讨会顺利召开。

2017 年，VMware 公司宣布其网络虚拟化平台有超过 2400 名的客户，带来 10 亿美元（约合 65 亿元）的销售额。这是商用 SDN 领域公布的极大的一笔销售额。

2018 年，浪潮集团发布了基于 SDN 的 ICE 2.0 产品，ICE 2.0 融合了 SDN、芯片、开源和大数据 DevOps 技术，通过智能技术解决云时代网络难题。

2019 年 4 月 17～18 日，2019 年中国 SDN/NFV/AI 大会在北京成功召开。此次大会由中华人民共和国工业和信息化部指导，由中国通信标准化协会 SDN/NFV/AI 标准与产业推进委员会主办。大会主题是"边云协同，构建未来智慧网络"，主题聚焦了当前 SDN、NFV、AI、边缘计算等关键技术和产业发展的最新态势。大会通过不同的主题环节，探讨了传统网络如何演进等问题，并分享了全球运营商、设备制造商、互联网公司和国际标准/开源组织在该领域的最新进展。此外，此次大会全方位、多角度地分析了 SDN/NFV/AI 技术在实践中面临的问题和挑战，并探讨了网络技术的创新方向和演进路径。

本章小结

本章对 SDN 进行了基本的介绍，包括 SDN 产生的背景、SDN 的起源和 SDN 的发展历程，特别是对于 SDN 产生的背景的介绍，能使读者对 SDN 的优势有清楚的认识，同时对后续的学习有基本的了解。

习题

1. 什么是 SDN？它与传统网络的区别是什么？
2. SDN 产生的背景是什么？
3. 简要阐述 SDN 的发展历程。

第2章
SDN原理

02

【学习目标】

- 了解SDN的定义
- 掌握SDN的体系结构
- 掌握SDN的特征
- 掌握SDN的关键技术

SDN 试图摆脱硬件对网络架构的限制，这样便可以像安装、升级软件一样对网络进行修改，便于更多的应用程序快速部署到网络中。

2.1 SDN 的定义与体系结构

作为一种新的网络体系结构，SDN 和传统的计算机网络体系结构有很大的不同。其体现了控制与转发分离，将比原来的网络体系结构更好、更快、更简单地实现各种网络功能特性。

2.1.1 SDN 的定义

随着信息化的发展，传统网络逐步发展成提供多媒体业务的融合网络，但传统网络架构却越来越无法满足高效、灵活业务的承载需求，面临着一系列困境。例如，管理运维复杂，缺少集中管控；新技术的引入严重依赖"现网"设备，网络技术创新困难；设备日益"臃肿"，技术演进实现的复杂度显著提高。

为了摆脱传统网络封闭架构的困境，以及提高网络灵活配置和可编程的能力，SDN 应运而生。相较于传统网络，SDN 通过把网络的控制面和转发面相分离，用集中控制器取代原来的路由协议自协商方式，极大地提升了网络的管控效率和灵活性。

SDN 是网络虚拟化的一种实现方式。其具有控制面和转发面分离及开放可编程的特点，它的出现被认为是网络领域的一场"革命"，为新型互联网体系结构的研究提供了新的实验途径，也极大地推动了下一代互联网的发展。

传统网络在水平方向上是标准和开放的，每个网元都可以和周边网元进行完美互连。而在计算机的世界中，不仅水平方向上是标准和开放的，垂直方向上也是标准和开放的，从下到上有硬件、驱动、操作系统、编程平台、应用软件等，开发者可以很容易地创造各种应用。在垂直方向上，传统网络是"相对封闭"和"没有框架"的，在垂直方向上创造应用、部署业务是相对困难的。但 SDN 将整个网络（不仅是网元）的垂直方向变得开放、标准化、可编程，从而让人们能更容易、更有效地使用网络资源。因此，SDN 能够有效降低设备负载，协助网络运营商更好地控制基础设施，降低整体运营成本，是最具发展前景的网络技术之一。

2.1.2 SDN 的体系结构

为了更好地理解 SDN 的体系结构，这里对传统网络的体系结构做简单的阐述。

传统网络是分布式控制的结构，其特点表现在以下几个方面。

（1）在传统网络中，用于协议计算的控制面和用于报文转发的数据面位于同一台设备中。

（2）路由计算和拓扑变化后，每台设备都要重新进行路由计算。

（3）在传统网络中，每台设备都是独立收集网络信息、独立计算的，且只关心自己的选路。

（4）设备在计算路由时缺乏统一性。

（5）每台设备都包含独立的控制面和数据面。

传统网络的体系结构如图 2-1 所示。

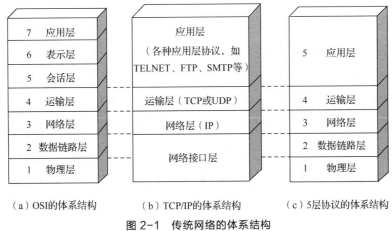

（a）OSI的体系结构　　　（b）TCP/IP的体系结构　　　（c）5层协议的体系结构

图 2-1　传统网络的体系结构

传统网络的体系结构分为管理面、控制面和数据面。

管理面主要包括设备管理系统和业务管理系统。设备管理系统负责网络拓扑、设备接口、设备特性的管理，同时可以给设备下发配置脚本；业务管理系统用于对业务进行管理，如业务性能监控、业务告警管理等。

控制面负责网络控制，主要功能为协议处理与计算。例如，路由协议用于路由信息的计算、路由表的生成。

数据面涉及设备根据控制面生成的指令完成用户业务的转发和处理。例如，路由器根据路由协议生成的路由表将接收的数据包从相应的端口转发出去。

根据传统网络的体系结构，可知传统网络的局限性主要表现在以下 3 个方面。

（1）流量路径的灵活调整能力不足。

（2）网络协议实现复杂，运维难度较大。

（3）网络新业务升级速度较慢。

造成以上局限性的主要原因如下。

（1）传统网络通常部署网管系统作为管理面，而控制面和数据面分布在每个设备上运行。

（2）流量路径的调整需要通过在网元上配置流量策略来实现，但对大型网络的流量路径进行调整不仅烦琐还很容易出现故障；当然，可以通过部署终端设备（Terminal Equipment，TE）隧道来实现流量距径调整，但由于 TE 隧道具有复杂性，因此对于维护人员的技术要求很高。

（3）传统网络协议较复杂，且在不断增加。

（4）设备厂家除标准协议外都有一些私有协议扩展，不但设备操作命令繁多，而且不同厂家设备操作界面的差异较大，运维复杂。

（5）传统网络中由于设备的控制面是封闭式的，且不同厂家的设备实现机制可能有所不同，所以新功能的部署可能周期较长；且如果需要对设备软件进行升级，则需要在每台设备上进行操作，大大降低了工作效率。

SDN 的体系结构是对传统网络的体系结构的一次重构，由原来分布式控制的网络结构重构为集中控制的网络结构。另外，SDN 的体系结构以软件应用为主导进行数据转发，而不再以协议控制的各种网络设备为主导进行数据转发。SDN 的体系结构颠覆了 OSI 7 层的体系结构，将网络划分为 3 层，即用户的应用接入层、设备的网络控制层和基础转发设备层。

针对不同的需求，许多组织提出了相应的 SDN 参考架构。SDN 架构最先由 ONF 提出，并已经成为学术界和产业界普遍认可的架构。除此之外，欧洲电信标准组织（European Telecommunications Standards Institute，ETSI）提出的 NFV 架构随之发展起来，该体系结构主要针对运营商网络，并得到了业界的支持。各大设备厂商和软件公司共同提出了 OpenDaylight，目的是具体实现 SDN 的体系结构，以便用于实际部署。

ONF 最初在白皮书中提到了 SDN 的体系结构，并于 2013 年年底发布了最新版本，其体系结构如图 2-2 所示。SDN 的体系结构由下到上（或称由南向北）分为数据面、控制面和应用面。数据面与控制面之间利用 SDN 控制数据面接口（Control-Data-Plane Interface，CDPI）进行通信，CDPI 具有统一的通信标准，目前主要采用 OpenFlow。控制面与应用面之间由 SDN 北向接口（Northbound Interface，NBI）负责通信，NBI 允许用户按实际需求定制开发。

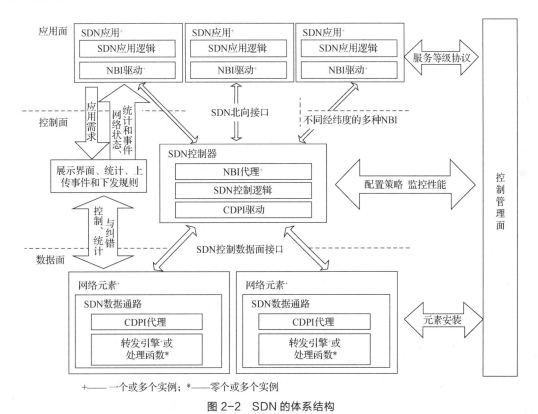

图 2-2　SDN 的体系结构

数据面由交换机等网络元素组成，各网络元素之间由不同规则形成的 SDN 数据通路（Datapath）形成连接。控制面包含逻辑中心的 SDN 控制器，负责运行 SDN 控制逻辑策略，维护着全网视图。SDN 控制器将全网视图抽象成网络服务，通过访问 CDPI 代理来调用相应的 SDN 数据通路，并为运营商、科研人员及第三方等提供易用的 NBI，以方便这些人员等定制私有化应用，实现对网络的逻辑管理。应用面包含各类基于 SDN 的网络应用，用户无须关心底层设备的技术细节，仅通过简单的编程就能实现新应用的快速部署。CDPI 负责将转发规则从网络操作系统发送到网络设备，它要求能够匹配不同厂商和型号的设备，而并不影响控制面及以上层面的逻辑。NBI 允许第三方开发个人网络管理软件和应用，为管理人员提供了更多的网络抽象特性，允许用户根据需求选择不同的网络操作系统，而不影响物理设备的正常运行。

2.2 SDN 的特征

整个 SDN 体系结构的 3 个层面通过管理系统实现控制，不同层面遵从不同的协议并实现不同的控制方式和功能。SDN 的特征主要有控制与转发分离、网络虚拟化和网络可编程。

2.2.1 控制与转发分离

ONF 定义的 SDN 的体系结构共由 4 个平面组成，即数据面、控制面、应用面以及右侧的控制管理面，各平面之间使用不同的接口协议进行交互。其中，数据面由若干网络元素组成，每个网络元素可以包含一个或多个 SDN 数据通路。每个 SDN 数据通路是一个逻辑上的网络设备，它没有控制能力，只是单纯用来转发和处理数据，它在逻辑上代表全部或部分的物理资源。一个 SDN 数据通路包含 CDPI 代理、转发引擎和处理函数 3 部分。而控制面主要负责两个任务，一是将 SDN 应用面请求转发到 SDN 数据通路，二是为 SDN 应用提供底层网络的抽象模型（可以是状态、事件）。一个 SDN 控制器包含 NBI 代理、SDN 控制逻辑以及 CDPI 驱动 3 部分。SDN 控制器只是要求逻辑上完整，因此它可以由多个控制器实例组成，也可以是层级式的控制器集群；从地理位置上讲，所有控制器实例可以在同一位置，也可以由多个实例分散在不同的位置。

SDN 的核心思想就是要分离控制面与数据面，并使用集中式的控制器实现网络的可编程性。控制器通过北向接口协议和南向接口协议分别与上层应用和下层转发设备实现交互。正是这种集中式控制和数控分离（解耦）的特点使 SDN 具有强大的可编程能力，这种强大的可编程能力使网络能够真正地被软件所定义，达到简化网络运维、灵活管理调度的目标。同时，为了使 SDN 能够实现大规模的部署，需要通过东、西向接口协议支持多控制器间的协同。

在深入理解 SDN 的控制面与数据面分离之前，首先对传统网络设备的控制面与数据面的一体性进行简要说明，以传统网络设备的路由器为例。路由器工作在 OSI 7 层体系结构中的第 3 层，也就是网络层，其主要任务是接收来源于一个网络接口的数据包，根据这个数据包中所含的目的地址，决定转发到的下一个目的地址。路由器中时刻维持着一张路由表，所有数据包的发送和转发都通过查找路由表来实现。这个路由表可以静态配置，也可以通过动态路由协议产生。

路由器物理层从路由器的一个端口收到一个报文，发送到数据链路层。数据链路层去掉链路层封装，根据报文的协议域将其发送到网络层。网络层先看报文是否为发送给本机的，若是，则去掉网络层封装，发送给上层。若不是，则根据报文的目的地址查找路由表，若找到路由，则将报文发送给相应端口的数据链路层，数据链路层封装后，发送报文；若找不到路由，则将报文丢弃。路由器的原理结构如图 2-3 所示，可以看出，路由器的路由选择就是指控制面，分组转发就是指数据面，这两个平面都集成在路由器上。

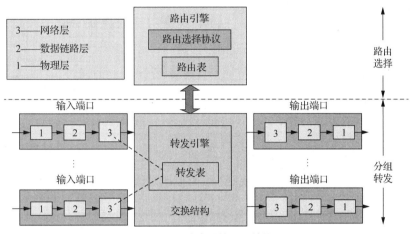

图 2-3　路由器的原理结构

从路由器的原理结构中可以看出，在传统网络设备中，控制面和数据面虽然在物理距离上非常近，但它们实际上是相互分离的，并执行各自不同的功能，这一点为 SDN 的控制面与数据面分离的可行性奠定了基础。

SDN 控制面一般由一个或多个 SDN 控制器组成，是网络的"大脑"。SDN 控制器具有举足轻重的地位，它是连接底层网络交换设备与上层应用的"桥梁"。一方面，SDN 控制器通过南向接口协议对底层网络交换设备进行集中管理、状态监测、转发决策以处理和调度数据面的流量；另一方面，SDN 控制器通过北向接口协议向上层应用开放多个层次的可编程能力，允许网络用户根据特定的应用场景灵活地制定各种网络策略。

目前已经实现的 SDN 控制器非常多，有开源的控制器，也有商用的控制器，不同的 SDN 控制器有不同的架构和功能，下面来看一下典型的 SDN 控制器的架构。如图 2-4 所示，该架构分成 6 个层，包括南向接口层、抽象逻辑层、基础网络层、内置应用层、北向接口层和配置管理层。

（1）南向接口层主要提供对各种南向接口协议的支持，如 OpenFlow 等标准协议，SDN 控制器通过南向接口层的通道实现对底层网络的管理。

（2）抽象逻辑层的主要作用是将服务抽象出来，实现各种通信协议的适配，为各模块和应用提供一致的服务。

（3）基础网络层在任何控制器中都是必不可少的。这里的模块包括控制器内部的实现逻辑，如拓扑管理、链路管理等，也包括一些底层的网络实现逻辑。

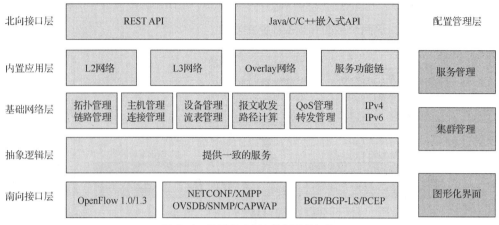

图 2-4　典型的 SDN 控制器的架构

（4）内置应用层提供了基础的功能包，如 L2 网络、L3 网络、Overlay 网络、服务功能链等。

（5）北向接口层中的控制器实现了 REST API，或者嵌入式的 API，提供给上层应用调用。

（6）配置管理层提供了控制器服务管理、集群管理和图形化界面，如 ODL 控制器提供了模块的启用、删除等功能。Floodlight 等控制器提供了简单、易用的图形化界面，可以在 Web 界面中调用控制器的北向接口协议，以便对控制器进行配置。

SDN 的数据面负责数据处理、转发和状态收集等。其核心设备为交换机，可以是物理交换机，也可以是虚拟交换机。不同于传统网络转发设备，应用于 SDN 的转发设备将数据面与控制面完全分离，所有数据包的控制策略由远端的控制器通过南向接口协议下发，网络的配置管理同样由控制器完成，大大提高了网络管控的效率。交换设备只保留数据面，专注于数据包的高速转发，降低了交换设备的复杂度。

对于 SDN 的核心思想——控制面与数据面分离，控制面需要创建本地数据集，用来建立转发表中的条目——数据面利用这些转发表中的条目在（网络设备的）输入端口和输出设备之间转发流量，例如访问控制列表（Access Control List，ACL）或者基于策略的路由（Policy-Based Routing，PBR）。用于存储网络拓扑结构的数据集被称为路由信息库（Routing Information Base，RIB）。RIB 经常需要通过与控制面的其他实例之间进行信息交换来保持一致（无环路）。转发表中的条目通常被称为转发信息库（Forwarding Information Base，FIB），并且经常反映在一个典型设备的控制面和数据面中。一旦 RIB 被认为是一致或稳定的，FIB 就会被程序化。要完成这个任务，控制实体/程序必须发展出一个（满足某些约束条件的关于网络拓扑的）视图。这个视图下的网络可以通过手动方式程序化，或者使用收集到的信息来建立。

　　图 2-5 所示为控制面和数据面的结构，这代表一个由互连的交换机组成的网络。图 2-5 的顶部显示了一个数据交换机网络，下面是其中两个交换机（记为 A 和 B）的控制面和数据面的细节的扩展。位于最左端的交换机 A 的控制面接收到数据包，并最终转发给右侧相邻的交换机 B。在每个扩展图中，要注意控制面和数据面是分离的，控制面在自己的处理器/处理板卡上运行，而数据面运行在其他处理器/处理板卡上，两者都被安置在一个单独的机架中。在图 2-5 中，数据包被数据面所在的线路接口卡的输入端口所接收。如果接收到的数据包来自一个未知的 MAC 地址，则其会被弃置或重定向（图 2-5 中的过程 4）到控制面设备，并被学习、处理，随后被向前转发。同样的处理方式也被应用于控制协议流量，例如协议消息。一旦一个数据包被传送到设备的控制面，其中包含的信息就会被处理，并且可能会导致 RIB 的改变和其他交换机的附带消息通告（提醒它们这次的更新，即学习到了一条新的路由）。当 RIB 稳定之后，FIB 会在控制面和数据面两处更新。随后，数据包转发的方式也会被更新以反映出这些变化。然而，在这种情况下，由于接收到的数据包来自一个未学习过的 MAC 地址，因此控制面将数据包 C 返回给数据面（图 2-5 中的过程 2），后者相应地将数据包进行转发（图 2-5 中的过程 3）。如果需要额外的 FIB 编程，则也发生在控制面将数据包 C 返回给数据面这一过程中。此时，数据面的 FIB 已经学习到了这个 MAC 地址。数据包处理的相同算法也发生在右边的下一个交换机中。

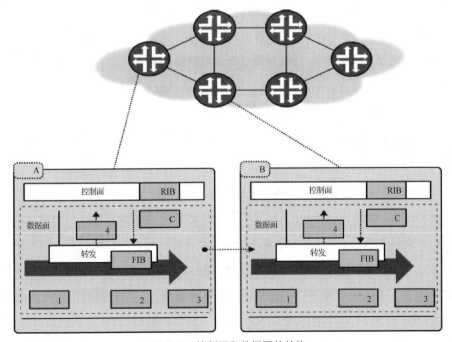

图 2-5　控制面和数据面的结构

其实，控制面和数据面的分离并不是一个新概念。在过去十余年中制造的任何多插槽路由器/交换机内都有运行于专用处理器/处理板卡（为了确保冗余保护，通常是两个）的控制面，以及独立运行在一个或多个线路卡（每个线路卡上都有一个专用处理器和/或分组处理器）上的数据面。图 2-6 所示的路由处理器引擎架构就是控制面和数据面的实例。

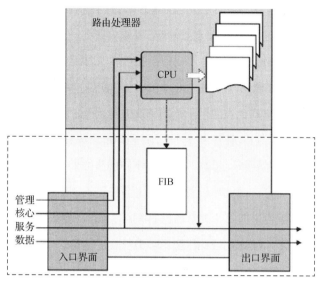

图 2-6 控制面和数据面的实例

在图 2-6 中，下方的方框（虚线所框部分，表示单独的线路接口卡）有专用的端口处理的专用集成电路（Application Specific Integrated Circuits，ASICs）连接线路卡上的输入端口和输出端口（如以太网接口），是数据面。在正常的运行中，图 2-6 中的端口都由转发表来决定它们如何处理数据从进入到流出的端口转换。这些转发表是由路由处理器的 CPU 或控制面程序进行填写和管理的。当这些端口收到控制面消息或未知的数据包时，它们一般会将这些数据发送至路由处理器做进一步处理。可以将路由处理器和线路卡之间的连接想象成是通过小而高速的内部网络来完成的，因为这实际上是一台现代交换机的工作原理。

此外，一些协议采用这一架构实际上是为了优化其行为。例如，多协议标签交换（Multi-Protocol Label Switching，MPLS）协议使用 IP 协议族承载控制流量，其理想情况是部署在一个运行于通用 CPU 的专用路由处理器引擎上；同时，在另一个线路接口卡上实现一个（非常适用于更简单但性能更强的分组数据包处理器引擎）固有的基于标签的交换范例。

到目前为止，介绍的有关 SDN 及其控制面和数据面之间的距离都是在米的数量级上的（在单个机架内，或在一个直连的多机架系统内），2.1 节中描述的控制面和数据面是分布式的，但其被作为紧密集成（位置也相对接近）的软件和硬件包被建造和管理。除了这些外部系统观察者看不到的组件和众多内部架构之外，对这些组件的封装导致了目的导向的网络组件的大量出现。这些网络组件经常建立在相同的硬件家族的基础上，但由于在服务、管理、控制面和数据面之间的不同权衡，它们会有不同的吞吐效率和复杂度。平面之间的紧密耦合造成的相互依赖产生了很多有关创新、稳定和规模的问题，最终导致这些领域的性能提高。然而，这些设计极其复杂、成本很高，这也是推动 SDN 进行改进的一个因素。

SDN 控制面与数据面分离的优点表现在以下几个方面。

（1）全局集中控制和分布高速转发。

（2）灵活可编程与性能的平衡。

（3）以 FIB 为分界线实际上降低了 SDN 编程的灵活性，但是没有暴露商用设备的高速转发实现细节。

（4）开放性和 IT 化。

控制面与数据面分离在一定程度上可以降低网络设备和控制面功能软件的成本。当前大部分的网络设备是捆绑控制面功能软件一起出售的。由于软件开发由网络设备公司完成，对用户不透明，因此网络设备及其控制面功能软件的定价权基本完全掌握在少数公司手中，造成了总体价格高昂。在控制面与数据面分离以后，尤其是使用开放的接口协议后，将会实现网络设备的制造与控制面功能软件的开发相分离，这样可以实现模块的透明化，从而有效降低成本。虽然硬件价格降低后，相应的软件成本会增加，但总体来说，IT 化将会是一个有效的节约成本的方案。

SDN 控制面与数据面分离的不足主要表现在以下 3 个方面。

（1）可扩展性问题。这是 SDN 面临的主要问题。控制面与数据面分离后，原来分布式的控制面集中化了，即随着网络规模扩大，单个控制节点的服务能力极有可能成为网络性能方面的瓶颈。因此，控制架构的可扩展性是控制面与数据面分离后的主要研究方向之一。

（2）一致性问题。在传统网络中，网络状态的一致性是由分布式协议保证的。在 SDN 将控制面与数据面分离后，集中控制器需要负起这个责任，如何快速侦测到分布式网络节点的状态不一致，并快速解决这类问题，是控制面与数据面分离后的主要研究方向之一。

（3）可用性问题。可用性是指网络无故障的时间占总时间的比例，传统网络设备是高可用性的，即发向控制面的请求会实时得到响应，因此网络比较稳定。但是在 SDN 将控制面与数据面分离后，控制面网络的延迟可能会导致数据面可用性方面的问题。

2.2.2　网络虚拟化

网络虚拟化是当前促进网络革新的重要技术之一，该技术整合并抽象底层网络的软、硬件资源，通过虚拟资源和物理资源的映射机制，在同一物理网络中创建多个相互"隔离"的异构网络，从而使不同用户可以使用相互独立的网络切片，屏蔽底层细节，提高了网络灵活性和多样性，实现了弹性网络。

SDN 作为一种新型网络范式，采用控制面和数据面分离的架构，通过逻辑上集中的控制器，以标准化接口对底层转发设备进行管理，使得控制面和数据面能够独立演进，有助于解决网络僵化、难以快速部署新业务等问题，带来传统网络架构所不具备的许多优势，如网络控制直接可编程、允许管理员动态调整网络流量以满足变化的需求、借助全局网络视图实现细粒度路由策略部署等。

SDN 网络切片能够充分发挥 SDN 和传统网络的组合优势，支持网络资源的优化调度和高效利用，能实现灵活组网，近年来受到学术界和工业界的广泛关注。基于 SDN 实现的网络虚拟化被视为第五代移动通信技术（5G）的重使能技术，能够为端到端切片提供可行的技术方案，包括视频、音频等在内的各种类型的服务能够运行在隔离的切片上，在满足不同特征需求的同时，提升服务质量和网络整体性能。广域网环境下的 SDN 实验床也得到了大规模建设，实验床生成的切片用于测试新型网络，极大地推动了对未来网络的研究。

SDN 网络虚拟化主要表现在以下 3 个方面。

（1）基于代理的虚拟化。

FlowVisor（以下简称 FV）是基于 OpenFlow 的网络虚拟化管理平台，部署在多个 OpenFlow 控制器和交换机之间，成为两者间的透明代理，允许多个逻辑网络共享底层物理网络。FV 的内部系统结构如图 2-7 所示。分类器用于记录每个物理设备的端口、带宽等信息，切片器用于维护与控制器连接的 OpenFlow 会话，流空间则存储着虚拟网络切片策略。其核心是上行消息的映射和下行消息的过滤。当数据包从交换机上传给控制器时，FV 通过匹配切片策略对数据包来源进行分析，进而将该数据包交给相应的控制器处理。当控制器下发 OpenFlow 消息给交换机时，FV 根据策略对 OpenFlow 消息进行拦截、修改和转发等操作，这样控制器就只能管理被允许控制的流，而不知道其管理的网络被 FV 切片。

FV 通过划分流空间区分不同虚拟网络流量，直接根据流量特征识别其所属切片，流空间可以看作所有 OpenFlow 协议字段构成的一个完整匹配空间。FV 提供包括带宽、拓扑、CPU、控制信道在内的各种隔离机制，将切片流量映射到不同优先级队列中以实现带宽隔离，改写汇报端口信息的 OpenFlow 报文以实现拓扑隔离，限制交换机和对应切片控制器之间各类消息的传输速率以实现 CPU 和控制信道隔离。FV 允许递归嵌套，形成层次结构，其工作示例如图 2-8 所示。根据切片策略，FV1 创建的虚拟网络负责转发两台交换机上端口号为 443 的 HTTPS 数据流。

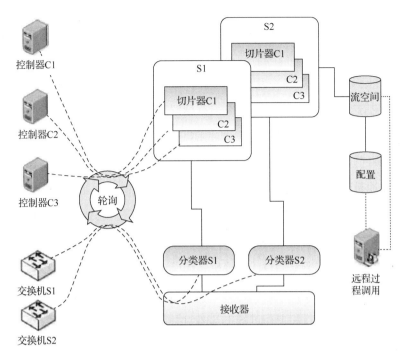

图 2-7 FV 的内部系统结构

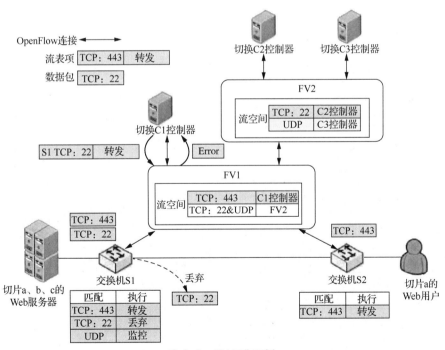

图 2-8 FV 工作示例

　　FV2 运行在 FV1 之上，只管理一台交换机 S1，创建的虚拟网络实施简单的防火墙规则，屏蔽 S1 接收到的端口号为 22 的 TCP 流，允许 UDP 流通过。

　　尽管 FV 提供了灵活的切片制定规则，但其仍面临如下问题：流空间冲突，由于切片流空间的定义由用户完成，因此可能出现定义重叠，特别是地址空间的复用，对此 FV 无法处理，例如图 2-8 中虚拟网络的控制器流表项转发端口号为 22 的 TCP 流，由于和 FV2 规则冲突会收到报错信息；不支持虚拟拓扑，由于 FV 没有虚拟端口及链路的概念，只是简单地对物理端口进行划分，因此生成的切片拓扑只能是物理拓扑的同构子图。

　　OpenVirteX（以下简称 OVX）同样是作为代理存在的网络虚拟化管理平台，其区别于 FV 较重要的特性有两个：地址虚拟化和拓扑虚拟化。地址虚拟化能够为切片控制器提供完整的地址空间，拓扑虚拟化允许用户自定义网络拓扑。与 FV 相比，OVX 拥有更高级的网络视图，实现了底层物理拓扑和虚拟拓扑的解耦，其内部结构如图 2-9 所示。OVX 利用全局映射表存储底层拓扑和虚拟拓扑基本网络组件（交换机、端口、链路、地址等）的对应关系，在进行底层物理拓扑发现的同时，根据映射模拟的链接层发现协议处理过程，向控制器提供切片拓扑。OVX 在 OpenFlow 报文上行和下行过程中分别调用虚拟化和去虚拟化函数修改信令，翻译各类消息，保证信令交互的透明性。

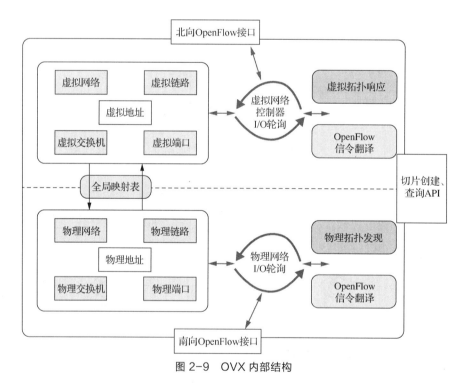

图 2-9　OVX 内部结构

　　不同于传统网络中使用虚拟局域网（Virtual Local Area Network，VLAN）等专用字段的方式，OVX 管理包括 IP 地址和 MAC 地址在内的虚拟地址和物理地址之间的映射，通过在边界交换机进行地址改写实现流量隔离，解决流空间冲突问题。图 2-10 所示为数据包传输示例,在数据包进入边界交换机时,OVX 会重写 MAC 地址以携带虚拟化信息,重写后的源 MAC 地址和目的 MAC 地址的前 3 个字节为 OVX 向 IEEE 申请的唯一标识符,后 3 个字节用于存储用户编号、链路编号和流编号组成的混合编码信息,其中用户编号和链路编号由 OVX 全局统筹分配,流编号记录了该次通信的源地址和目的地址对;中间交换机接收到修改的数据包后,匹配 MAC 地址来区分不同的切片流量;在离开切片网络的出口交换机上,再按照流编号回写原地址。地址虚拟化允许用户为终端主机任意分配 IP 地址。为了避免地址重叠,OVX 将每个虚拟 IP 地址映射到唯一的物理 IP 地址上,并进行和 MAC 地址类似的改写操作。

OVX 的不足之处在于无法满足前缀匹配和通配,为了隔离不同用户的流量,物理交换机存储的流表匹配项必须有精确的 MAC 地址和 IP 地址,而 OVX 的地址映射是一一映射的。因此,OVX 迫使用户控制器在匹配字段中设置准确的地址值,若用户转发策略仅依赖物理端口,通配 MAC 地址或 IP 地址,则 OVX 的改写机制无法处理。此外,OVX 缺少对虚拟链路上的流进行聚合的功能,由于改写后 MAC 地址中嵌入了流编号,因此流编号会因为通信主机数目的增多而快速增长,该条虚拟链路经过的物理交换机上的流表项也会随之急剧增多。

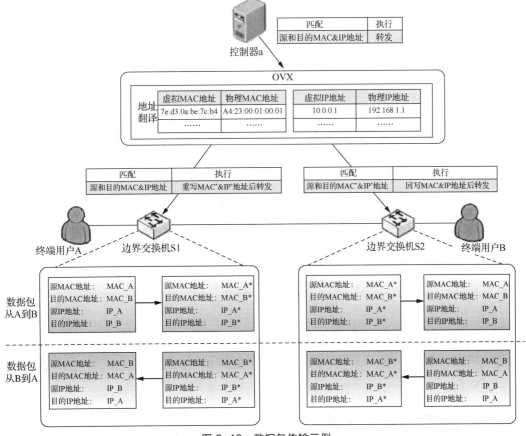

图 2-10　数据包传输示例

（2）基于策略的虚拟化。

CoVisor（以下简称 CV）专注于实现异构 SDN 控制器间的协作，使得部署在不同平台、采用不同语言编写的用户控制器能够共同作用于同一网络流，而非创建完全隔离的虚拟环境，通过组合不同控制器的应用程序生成最佳解决方案。来自用户控制器的多种应用策略被 CV 重新编译，形成单一的组合策略，再对应到物理交换机的流表项。物理交换机对网络流的处理逻辑仍然正确，就像没有发生过任何策略的组合一样。

图 2-11 所示为 CV 的高层体系架构，顶部的 5 个应用（MAC 地址学习、防火墙、网关、检测、路由）都是在各自的控制器（如 Ryu、Floodlight 等）上运行的未经修改的 SDN 程序，按照显示的虚拟拓扑制定策略并下发流表；CV 在拦截所有流表，将其重新编译为单个流协调策略逻辑的同时，检测控制器行为防止操作"越界"。CV 拥有比 OVX 更加灵活的拓扑映射机制，OVX 中的一个或多个物理交换机能够映射为一个虚拟交换机，即"一虚一"和"多虚一"；而 CV 具有流表聚合能力，支持将一个物理交换机映射到多个虚拟交换机上，即"一虚多"，具体是通过在虚拟拓扑视图和物理拓扑视图之间插入辅助的管道图来实现的，管理员负责配置虚拟交换机的流表如何组合成管道交换机的流表。CV 还引入了 FV 中的流空间机制，针对不同的控制器开放不同的权限，限制切片匹配和作用的协议字段范围，防止控制器行为"越界"。例如，负责二层地址学习的控制器，其下发的流表只能匹配 MAC 地址。

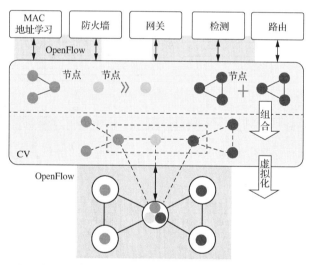

图 2-11　CV 的高层体系架构

由于网络管理是一个动态过程，因此应用程序需要根据各类事件（如流量变化、链路故障等）进行策略更新，CV 也需要频繁地重新编译和更新组合策略。为了降低随之而来的计算开销以及表项替换开销，CV 采用增量编译的方式提高效率，增量分配优先级，通过高级索引实现规则的快速查找。用于存储规则的表项，其组合运算分为并行、串行和覆盖 3 种情况，在此用 R 表示用户策略，r 表示其中的一条规则，r*表示组合后的规则，规则组合示例如图 2-12 所示。优先级计算方式如下：对于并行运算，合并后的 r*的优先级为两条规则的优先级之和，如图 2-12（a）所示；对于串行运算，r*由 r1 的优先级占高位地址、r2 的优先级占低位地址级联得到，如图 2-12（b）所示；对于覆盖运算，由原本 R 1 中的所有规则的优先级乘 R 2 中的最大优先级得到，如图 2-12（c）所示。

优先级	匹配	执行
9	源IP地址：1.0.0.0/24	计数

+

优先级	匹配	执行
7	目的IP地址：2.0.0.0/30	转发
0	*	丢弃

=

优先级	匹配	执行
9+7	源IP地址：1.0.0.0/24 目的IP地址：2.0.0.0/30	计数并转发
9+0	源IP地址：1.0.0.0/24	计数
7	目的IP地址：2.0.0.0/30	转发
0	*	丢弃

（a）

优先级	匹配	执行
9	源IP地址：1.0.0.0/24	修改目的IP地址为2.0.0.1

≫

优先级	匹配	执行
7	目的IP地址：2.0.0.0/30	转发
0	*	丢弃

=

优先级	匹配	执行
9≫7	源IP地址：1.0.0.0/24	修改目的IP地址为2.0.0.1并转发
7	目的IP地址：2.0.0.1/30	转发
0	*	丢弃

（b）

优先级	匹配	执行
9	目的IP地址：2.0.0.1/24	转发

▷

优先级	匹配	执行
7	目的IP地址：2.0.0.1/30	计数
0	*	丢弃

=

优先级	匹配	执行
9×7	目的IP地址：2.0.0.1/24	转发
7	目的IP地址：2.0.0.0/30	计数
0	*	丢弃

（c）

图 2-12　规则组合示例

上述策略更新算法实时有效，但无法保证完全正确。因为 CV 重点考虑了表项匹配域的组合效率，但对于表项的指令集合仅进行简单的合并操作，导致策略并行时可能会出错。例如，两条待组合规则执行的指令分别是{ tcpdst←80,fwd(1) } 和{ dstip←10.0.0.1, fwd(2) }，组合后的规则是简单地将指令连接得到{ tcpdst←80,fwd(1),dstip←10.0.0.1, fwd(2) }，显然违背了原有的第二条规则。

（3）基于编程语言的虚拟化。

OpenFlow 交换机为用户提供了一个低级编程接口，缺乏灵活性和拓展性，使得应用程序的编写烦琐且容易出错。因此，拥有功能齐全的 API 的各种高级网络编程语言（如 Pyretic、P4 等）相继被开发出来。鉴于引入虚拟化层在流量隔离、冲突避免等方面具有局限性，因此许多研究利用编程语言及模型实现无中间层的网络虚拟化，HyPer4（以下简称 HP4）就是其中的代表。HP4 通过软件的方式拓展了 P4 兼容设备，使其在逻辑上能够同时存储并运行多个 P4 程序，允许用户部署、修改 P4 程序的动态组合。

HP4 由运行环境、编译器和数据面管理单元 3 部分组成，其核心组件是一个能够模拟其他 P4 程序功能的 P4 程序。与原生 P4 环境类似，这个特殊设计的 P4 程序本身就是用于配置及编译生成的 HP4 运行环境的，具有执行不同操作的能力，图 2-13 所示为 HP4 操作环境，展示了编译器将目标 P4 程序转换成 HP4 表后载入运行环境的过程。此外，为了避免对现有控制器的修改，HP4 通过数据面管理单元进行翻译，将原生 P4 程序中对虚拟表的操作转换为对物理表的操作。进入交换机的数据包由运行环境解析并设定为特定的状态，HP4 模拟了目标程序的匹配-执行序列，允许状态以任何途径变化以影响数据包的处理流程。

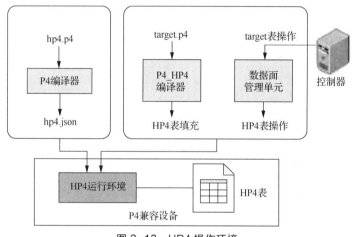

图 2-13　HP4 操作环境

运行 HP4 的一个 P4 兼容设备可以划分出多个虚拟设备，HP4 演示示例如图 2-14 所示。每个虚拟设备对应一个模拟的目标程序，HP4 在编译时为这些目标程序分配全局唯一标识符以实现代码隔离；当设备接收到数据包时，通过进入端口、时间或者指定协议字段等信息确定应该交由哪个程序处理。虚拟设备之间相互连接形成虚拟网络，便于模块化开发和用户程序的复杂组合。虚拟设备上创建有虚拟端口，后者可以映射到实际的物理端口或虚拟链路。HP4 依赖于 P4 的再循环原语以实现虚拟设备间的数据包传输，对于发送到其他虚拟设备的数据包，修改元数据中记录的程序编号和 HP4 状态，可将数据包重新发送回解析器，最终被下一个虚拟设备处理。

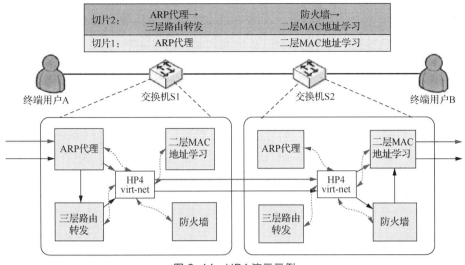

图 2-14　HP4 演示示例

HP4 最大的问题在于性能开销过大，从匹配 – 执行序列数目、流表及动作占用空间、三元组匹配频率 3 个方面对原生 P4 程序以及 HP4 模拟的 P4 程序进行比较，结果发现后者在时延、内存和三态内容寻址存储器（Ternary Content Addressable Memory，TCAM）占用上的损耗已经达到了 80%。

2.2.3　网络可编程性

网络可编程性是 SDN 的另一个重要属性。它最初是指网络管理人员可以通过命令行对设备进行配置，后来有了可编程路由器、NetFPGA 等设备，这些设备的可编程性主要是指对设备本身硬件电路级的可编程，即开发者通过编译代码直接控制这些硬件来实现协议或者功能。这种可编程的能力是对某台设备而言的，是一种处于最底层的编程能力，相当于计算机中的汇编等级的低级编程语言，不够灵活、便捷。

SDN 的网络可编程性是从另外一个角度来看的。传统网络设备需要通过命令行或者直接基于硬件的编译写入来对网络设备进行编程管理，SDN 的网络可编程性如图 2-15 所示。从图 2-15 中可以看出，主动应用（AA）是一个协议的程序代码，它通过主动分组加载到主动网络节点中，并在主动网络节点中对分组进行转发和计算来完成某种通信功能。执行环境（EE）是节点操作系统（Node OS）上的一个用户级的操作系统，它可以同时支持多个主动应用的执行，并负责主动应用之间的互相隔离。执行环境为主动应用提供了一个可调用的编程接口，一个主动网络节点可以具有多种执行环境，每一种执行环境完成一种特定的功能。节点操作系统类似于一般操作系统的内核，它位于主动网络节点最底层的功能层，管理和控制主动网络节点硬件资源的使用。因此，执行环境在节点操作系统中运行，一个节点操作系统可以并发地支持多个执行环境，协调执行环境对节点中可利用资源（如内存区域、CPU 周期、链路带宽等）的使用。

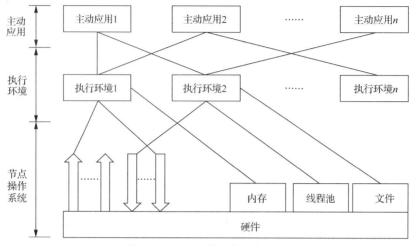

图 2-15　SDN 的网络可编程性

一般来说，主动网络包含以下两种主要的数据模型。

（1）封装模型：节点的可执行代码被封装在数据分组内，为带内管理（in-band）方式。这种模型利用数据分组携带代码从而在网络中添加新的功能，同时使用缓存来提高代码分发的效率，而可编程路由器根据数据分组的分组头由管理员定义一系列的操作行为。

（2）可编程路由器/交换机模型：节点的可执行代码与数据分组分离，为带外管理（out-of-band）方式，是数据包在主动网络节点和传统网络节点中传输的情况。用户可以在协议栈中添加自己的操作，网络中可以同时有传统网络节点和主动网络节点。当数据包通过传统网络节点时，数据包只是被简单地转发而不做任何修改；而当数据包通过主动网络节点时，节点能够根据用户定义的行为对数据包进行计算与操作。

SDN 的网络可编程性通过为开发者提供强大的编程接口，使网络有了很好的编程能力。对上层应用的开发者来说，SDN 的编程接口主要体现在 SDN 北向接口上。SDN 北向接口提供了一系列丰富的 API，开发者可以在此基础上设计自己的应用而不必关心底层的硬件细节，就像在计算机上编程一样，不用关心底层寄存器、驱动等具体的细节；SDN 南向接口用于控制器和转发设备建立双向会话，通过不同的 SDN 南向接口协议，SDN 控制器就可以兼容不同的硬件设备，同时可以在硬件设备中实现上层应用的逻辑；SDN 的东、西向接口主要用于控制器集群内部控制器之间的通信，可增强整个控制面的可靠性和可拓展性。

SDN 南向接口已有 OpenFlow 等诸多标准，但是在 SDN 北向接口方面还缺少业界公认的标准，不同的控制器厂商有各自的 SDN 北向接口。

SDN 南向接口协议是集中式的控制面和分布式的转发设备之间交互的接口协议，用于实现控制器对底层转发设备的管控。SDN 交换机需要与控制面进行协同后才能工作，而与之相关的消息都是通过 SDN 南向接口协议传达的。当前，SDN 中较为成熟的南向接口协议是 ONF 倡导的 OpenFlow，OpenFlow 使控制面可以完全控制数据面的转发行为。同时，ONF 还提出了 OpenFlow-Config，用于对 SDN 交换机进行远程配置和管理，其目的都是更好地对分散部署的 SDN 交换机实现集中化管控。OpenFlow 作为 SDN 发展的代表性协议，已经获得了业界的广泛支持。

SDN 的控制面可以是分布式的，在这种情况下，就需要一种接口协议来负责控制器之间的通信。SDN 的东、西向接口主要解决了控制器之间物理资源共享、身份认证、授权数据库之间的协作以及保持控制逻辑一致性等问题，其通过实现多域间控制信息交互，从而实现了底层基础设施透明化的多控制器组网策略。

2.3 SDN 的关键技术

SDN 是被业界普遍看好的促进现网升级、演进的重要网络创新技术，其所倡导的控制与转发分离、网络能力接口的开放、软/硬件解耦以及网络功能的虚拟化等，将会促进产业重心由硬件向软件快速调整，推动网络架构向软件化、集约化、智能化和开放化的目标网络架构演进。但是，现阶段 SDN 的技术远未成熟，现网演进策略尚不明确，一些关键技术问题还有待解决。

2.3.1 SDN 交换机及南向接口技术

SDN 交换机可以忽略控制逻辑的实现，全力关注基于表项的数据处理，而数据处理的性能也就成为评价 SDN 交换机性能的关键指标。因此，很多高性能转发技术被提出，如基于多张表以流水线方式进行高速处理的技术。

另外，考虑到 SDN 和传统网络混合工作的问题，支持混合模式的 SDN 交换机的研发也是当前设备层技术研发的焦点。同时，随着虚拟化技术的完善，虚拟化环境将是 SDN 交换机的一个重要应用场景，因此 SDN 交换机可能会有硬件、软件等多种形态。

SDN 交换机只负责网络高速转发，保存用于转发决策的转发表信息，SDN 交换机需要在远程控制器的管控下工作，与之相关的设备状态和控制指令都需要经由 SDN 的南向接口传达，从而实现集中化统一管理。

按照 SDN 交换机所支持的南向接口协议来看，SDN 交换机可分为纯 SDN 交换机（仅支持 OpenFlow）、混合交换机（支持 OpenFlow 和传统网络协议）、白盒 SDN 交换机、裸交换机。

从虚拟化的角度来看，SDN 交换机主要分为 SDN 硬件交换机和 SDN 软件交换机（SDN 虚拟交换机）。其中，SDN 虚拟交换机不包括白盒 SDN 交换机、裸交换机。

具有影响力的 SDN 虚拟交换机是 Open vSwitch（以下简称 OVS）交换机，它具备良好的工作性能，在商业上得到了广泛应用。OVS 是一个使用 Apache 2.0 许可证的多层虚拟交换机，通过可编程拓展，OVS 能在支持标准管理接口和协议的同时实现大规模网络自动化。OVS 的目标是实现一个支持标准管理接口、向外开放转发功能以实现可编程拓展和控制的工业级交换机。OVS 能在虚拟机（Virtual Machine，VM）环境中很好地实现虚拟交换机的功能，除向虚拟网络层开放标准控制和可视接口外，OVS 能很好地支持跨物理服务器的分布式虚拟交换机，其内部结构如图 2-16 所示。其中，ovs-vswitchd 是主要模块，用于实现交换机的守护进程，包括一个支持流交换的 Linux 内核模块；ovsdb-server 是轻量级数据库服务器，提供 ovs-vswitchd 配置信息，如 VLAN 等信息；ovs-dpctl 用于配置交换机的内核模块；ovs-vsctl 用于查询和更新 ovs-vswitchd 的配置；ovs-appctl 用于发送命令消息，运行相关守护进程；ovs-ofctl 用于查询和控制 OpenFlow 交换机和控制器。

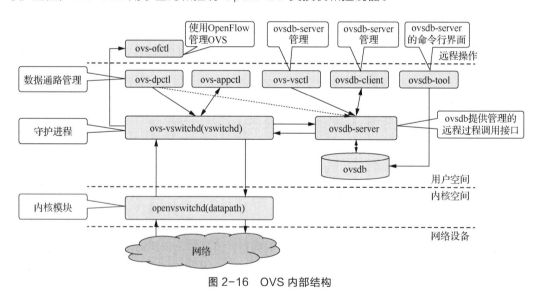

图 2-16　OVS 内部结构

SDN 硬件交换机在制造初期性能较差，并且通常只能实现 SDN 软件交换机一半的功能。但是随着 SDN 的发展，SDN 硬件交换机应用在生产环境中的场景不断增多，功能强大、适用于"工作压力"极大的环境的 SDN 硬件交换机已经被广泛生产出来。对 SDN 硬件交换机投入研究，并取得很大成就的公司包括思科、博科、华为、瞻博网络、NEC、戴尔、H3C、锐捷网络和盛科网络等。

纯 SDN 交换机只负责数据包的转发服务。纯 SDN 交换机维护着流表，流表中的流表项全部由控制它的 SDN 控制器下发。当数据包进入交换机时，交换机查找流表以确认是否有流表项匹配成功，若有流表项匹配成功，则执行该流表项指定的操作（如修改数据包）。若无流表项匹配成功，则查看是否已设置丢弃，若已设置，则丢弃此数据包；若没有设置，则根据设置完全转发数据包或提取数据包的部分信息转发至控制器，当控制器下发流表项后根据此流表项进行相关操作。这是纯 SDN 交换机与传统交换机区别较大的地方。

对于 SDN 的南向接口技术，当前，较知名的南向接口协议是 OpenFlow。作为一个开放的协议，OpenFlow 打破了传统网络设备厂商在设备能力接口方面的壁垒。经过多年的发展，在业界的共同努力下，OpenFlow 日臻完善，能够较全面地解决 SDN 中面临的各种问题。

当前，OpenFlow 已经获得了业界的广泛支持，成为 SDN 领域的事实标准。OpenFlow 解决了由控制层把 SDN 交换机所需的用于和数据流进行匹配的表项下发给转发层设备的难题。同时 ONF 还提出了 OpenFlow- Config，用于对 SDN 交换机进行远程配置和管理，以更好地对分散部署的 SDN 交换机实现集中化管控。

OpenFlow 在 SDN 领域中的重要地位不言而喻，但是 OpenFlow 不等同于 SDN。实际上，OpenFlow 只是基于开放协议的 SDN 实现过程中可使用的南向接口协议之一，后续可能还会有很多的南向接口协议（如 ForCES、PCEP 等）被陆续应用和推广。但必须承认的是，OpenFlow 就是为 SDN 而生的，它与 SDN 的契合度极高。在以 ONF 为领导的产业各方的大力推动下，它未来的发展前景也将更加明朗。

南向接口协议对于 SDN 架构的演进非常重要。为什么这么说呢？南向接口可以理解成一个数据面的编程接口，这个编程接口支持的可编程能力直接决定了 SDN 架构的可编程能力。通俗而言，在一个真实网络应用方案中，数据面的南向接口能力决定了 SDN 方案用户编程能力的上限。

此外，南向接口协议是网络设备厂商竞争的关键。如果某家网络设备厂商独占了这个编程接口标准，那么这家厂商就直接拥有了"SDN 时代"的话语权。幸运的是，SDN 是从大学校园诞生的新技术，OpenFlow 最初的定位就是一个开放的通用南向接口协议。

为了厘清众多的 SDN 南向接口协议，根据 SDN 南向接口协议提供的可编程能力，可将其分为狭义 SDN 南向接口协议和广义 SDN 南向接口协议两大类。狭义 SDN 南向接口协议支持数据面本身的可编程能力，用户可以通过控制面进行编程或者自定义数据面设备的具体网络处理行为，如转发操作、数据包报头的修改等。OpenFlow 是这种狭义 SDN 南向接口协议的典型，控制面可以通过 OpenFlow 下发流表项来对数据面设备的网络数据处理行为进行编程，从而实现更细粒度的可编程网络。是否是狭义 SDN 南向接口协议，关键是看这种南向接口协议是否具备明显的数据面可编程能力。

广义 SDN 南向接口协议只支持一定程度的数据面可编程能力，如传统的网络设备配置协议和网管协议等。这种广义 SDN 南向接口协议又分为三种子类型：第一种是仅具有数据面配置能力的南向接口协议；第二种是应用于广义 SDN，具有部分可编程能力的南向接口协议；第三种是本来就存在，其应用范围很广，不限于应用在 SDN 控制面和数据面之间传输控制信令的南向接口协议。

第一种子类型的南向接口协议的代表有 OpenFlow-Config、OVSDB 和 NETCONF 等。目前，这些南向接口协议已经获得部分 SDN 控制器的支持，如 OpenDaylight 等。当然，这种子类型的南向接口协议只能对网络设备的资源进行配置，不能编程修改网络设备的具体处理过程。从宽泛的角度来看，这些南向接口协议也应用在 SDN 控制面和数据面之间，也属于 SDN 南向接口协议范围。另外，网络设备配置型南向接口协议是 OpenFlow 等狭义 SDN 南向接口协议的必要补充，在设备初始化时完成对网络设备资源的配置，较典型的就是 ONF 提出的 OpenFlow-Config。

第二种子类型的南向接口协议的代表是思科公司的 OpFlex 协议。在思科公司的方案架构中，控制面通过 OpFlex 协议远程下发策略，控制网络设备实现某种网络策略。然而，OpFlex 协议是声明式控制（Declarative Control）的南向接口协议，只是下发控制面定义的策略，并不指定实现网络策略的具体方式，具体的实现方式由数据面设备来决定。可以看出，OpFlex 协议具有一定的可编程能力，但也只是具有相对受限的可编程能力，无法做到更细粒度的数据面编程，所以将其归类到广义 SDN 南向接口协议中。

第三种子类型的南向接口协议的代表是可扩展通信和表示协议（Extensible Messaging and Presence Protocol，XMPP）和路径计算单元协议（Path Computation Element Protocol，PCEP）。这种通信协议本来就存在，具有一定的可编程能力，但均不是专门为 SDN 而设计的，可以用作 SDN 南向接口协议。例如，XMPP 被用于很多场景，如即时通信等；在 SDN 出现之后，PCEP 经常被应用在 SDN 框架中。

最后来介绍一种特殊的南向接口协议：完全可编程南向接口协议。这种南向接口协议可以看作是 OpenFlow 的演进，如华为公司提出的协议无感知转发（Protocol Oblivious Fowarding，POF）协议/架构和 P4 语言/协议。这两者比 OpenFlow 有更通用的抽象能力，其能力范围已经超越了狭义 SDN 南向接口协议的定义。

2.3.2　SDN 控制器及北向接口技术

控制层是 SDN 的"大脑",负责对底层转发设备的集中统一控制,同时向上层业务提供网络功能调用的接口,在 SDN 架构中具有举足轻重的作用,SDN 控制器也是 SDN 关注的焦点。从技术实现上看,SDN 控制器除了关注南向的网络控制和北向的业务支撑外,还需要关注东、西向的扩展,以避免出现 SDN 集中控制导致的性能和安全瓶颈问题。SDN 控制器也在南向、北向、东向、西向上引入了相应的核心技术,有效解决了与各层通信以及控制集群横向扩展的难题。

SDN 控制器是 SDN 中的应用程序,负责流量控制以确保实现智能网络。SDN 控制器是基于如 OpenFlow 等协议的,允许服务器告诉交换机向哪里发送数据包。

事实上,SDN 控制器是网络的一种操作系统。SDN 控制器不控制网络硬件而是作为软件运行,这样有利于网络自动化管理。基于软件的网络控制使得集成业务申请更容易。

当前,SDN 控制器已经发展得比较成熟,种类也相当多,且一些活跃的控制器项目在不断发展中,如 OpenDaylight 项目不到一年就会发布一个新的版本。

SDN 控制器分为开源控制器和商业控制器两类。有些商业控制器是在某个开源控制器的基础上优化和修改而来的,其中一些与商业控制器相关的公司本身就是相应的开源控制器的贡献成员之一。下面主要介绍 4 种控制器。

(1)OpenDaylight 控制器。

目前极具影响力、活跃度极高的 SDN 控制器是 OpenDaylight,许多商业控制器是基于它改造生成的。OpenDaylight 中的很多子项目已经在商用领域得到了部署,成效显著。

(2)开放网络操作系统控制器。

开放网络操作系统(Open Network Operating System,ONOS)控制器是一款为服务提供商打造的基于集群的分布式 SDN 控制器,具有可扩展性、高可用性、高性能以及南、北向的抽象化,能使服务提供商轻松地采用模块化结构来开发应用、提供服务。

(3)Floodlight 控制器。

Floodlight 控制器是较早出现的知名度较高的开源 SDN 控制器之一,它实现了控制和查询 OpenFlow 网络的通用功能集,而在此 SDN 控制器上的应用集满足了不同用户对于网络的各种功能需求。

(4)Ryu 控制器。

Ryu 控制器是一个基于组件的 SDN 框架,它是由 NTT 公司使用 Python 研发的开源软件，采用了 Apache 许可协议。Ryu 控制器提供了包含良好定义的 API 的网络组件，开发者使用这些 API 能轻松地创建新的网络管理和控制应用。Ryu 控制器支持管理网络设置的多种协议。

SDN 将控制面与转发面分离，控制面通过诸如 OpenFlow 等开放的南向接口协议对数据面进行高效的管控。同时，控制面管理网络资源并且面向用户应用提供管理、监控的抽象层和北向接口协议。通过北向接口协议，网络应用的开发者能够通过软件编程实现对网络资源的调用，同时上层的应用程序可以通过控制器的北向接口协议全局把握网络资源的状态，并对网络资源进行统一调度。通过对网络设备的编程可以极大地简化运行在大量硬件平台上的创新应用和服务的开发过程。

中央控制器可以对网络协议进行集中处理，有利于提高复杂协议的运算效率和收敛速度，并且集中全局控制可以避免出现由传统动态路由控制系统所带来的局部性问题。中央控制器可以获取网络资源的全局信息，控制的集中化有利于从更宏观的角度进行资源的全局调配和优化，提高资源的利用效率。集中全局控制后，全网的网络设备均由中央控制器管理，使得网络节点的部署及维护更加方便，大幅降低了运维费用。

由于 SDN 控制器是控制面的核心组件，因此 SDN 控制器提供的服务要求能够实现控制面的所有功能。通过 SDN 控制器，从逻辑上来说用户可以集中控制交换机，实现数据的快速转发，便捷、安全地管理网络，提升网络的整体性能。在现实中，任何一个 SDN 控制器的实例实际上都提供了这些功能的一个子集，反映了该 SDN 控制器对这些功能的取舍。

与南向接口已有 OpenFlow 等国际标准不同，北向接口还缺少业界公认的标准，因此，北向接口的协议制定成为当前 SDN 领域的焦点，不同的参与者从用户角度、运营角度，以及产品能力角度提出了很多方案。据悉，目前至少有 20 种控制器，每种控制器都会对外提供北向接口用于上层应用的开发和资源编排。虽然北向接口标准当前还很难达成共识，但是充分的开放性、便捷性、灵活性将是衡量接口优劣的重要标准。例如，REST API 就是上层业务应用的开发者比较喜欢的接口形式；部分传统的网络设备厂商在其现有设备上提供了编程接口供业务应用直接调用，也可被视作北向接口之一，其目的是在不改变现有设备架构的条件下提升配置管理的灵活性，以应对开放协议的竞争。

2.3.3 SDN 资源管理技术

SDN 的最终目标是服务于多样化的业务应用创新。因此，随着 SDN 的部署和推广，将会有越来越多的业务应用被研发，这类业务应用将能够便捷地通过 SDN 北向接口调用底层网络功能，按需使用网络资源。

SDN 能推动业务创新已经是业界不争的事实，它可以被广泛地应用在云数据中心、宽带传输网络、移动网络等各种场景中，其中为云计算业务提供网络资源服务就是一个非常典型的案例。众所周知，在当前的云计算业务中，服务器虚拟化、存储虚拟化都已经被广泛应用，它们对底层的物理资源进行池化共享，进而按需分配给用户使用。相比之下，传统的网络资源远远没有达到类似的灵活性，而 SDN 的引入则能够很好地解决这一问题。

SDN 通过标准的南向接口屏蔽了底层物理转发设备的差异，实现了网络资源的虚拟化，同时开放了灵活的北向接口供上层业务按需进行网络配置并调用网络资源。云计算领域中知名的 OpenStack 就是可以工作在 SDN 应用层的云管理平台，通过在其网络资源管理组件中增加 SDN 管理插件，管理者和使用者可利用 SDN 北向接口便捷地调用 SDN 控制器对外开放的网络功能。当有云主机组网需求（如建立用户专有的 VLAN）被发出时，相关的网络策略和配置可以在 OpenStack 的界面上集中制定并进而驱动 SDN 控制器将其统一地自动下发到相关的网络设备上。

因此，网络资源可以像其他类型的虚拟化资源一样，以抽象的资源的面貌统一呈现给业务应用开发者，开发者无须针对底层网络设备的差异完成大量额外的适配工作，有助于业务应用的快速创新。

2.4 SDN 的应用及发展趋势

SDN 的主要技术特点体现在 3 个方面：一是控制与转发分离，二是控制逻辑集中，三是网络功能开放化。SDN 控制与转发分离的特点，使得设备的硬件通用化、简单化，设备的硬件成本可大幅降低，可促进 SDN 的应用；但由于设备硬件的变化、转发流表的变化，使得 SDN 设备与现有网络设备存在兼容问题，在一定时期内可能会限制 SDN 在大规模网络中的应用。SDN 控制逻辑集中的特点，使得 SDN 控制器拥有网络全局拓扑和状态，可实施全局优化，提供网络端到端的部署、保障、检测等手段；同时，SDN 控制器可集中控制不同层次的网络，实现网络的多层多域协同与优化，如分组网络与光网络的联合调度。针对 SDN 网络功能开放化的特点，使得网络可编程，能简单、快捷地提供应用服务，使得网络不再仅是基础设施，更是一种服务，SDN 的应用范围得到了进一步的拓展。

2.4.1 SDN 的应用

根据 SDN 的技术特点，它的应用主要聚焦在数据中心网络、数据中心间的互连、政企网络、电信运营商网络、互联网公司业务部署这五大应用场景。

1. SDN 在数据中心网络中的应用

数据中心网络 SDN 化的需求主要表现在海量的虚拟用户、多路径转发、虚拟机的智能部署和迁移、网络集中自动化管理、绿色节能、数据中心功能开放化等方面。

SDN 控制逻辑集中的特点可充分满足网络集中自动化管理、多路径转发、绿色节能等方面的要求；SDN 网络功能开放化和虚拟化可充分满足数据中心功能开放、虚拟机的智能部署和迁移、海量的虚拟用户等要求。

数据中心网络的建设和维护一般统一由数据中心网络运营商维护，具有相对的封闭性，可统一规划、部署和升级改造，SDN 在其中部署的可行性较高。

数据中心网络是 SDN 目前较为明确的应用场景之一，也是极有前景的应用场景之一。

2. SDN 在数据中心间的互连中的应用

数据中心之间的互联网具有流量大、突发性强、周期性强等特点，需要网络具备多路径转发与负载均衡、网络带宽按需提供、绿色节能、集中管理和控制的能力。

引入 SDN 的网络可通过部署统一的控制器来收集各数据中心之间的流量需求，进而进行统一的计算和调度、实施带宽的灵活按需分配、最大限度地优化网络、提高资源利用率。

3. SDN 在政企网络中的应用

政府及企业网络的业务类型多，网络设备功能复杂，对网络的安全性要求高，需要集中管理和控制，要求网络的灵活性高，且要能满足定制化需求。

SDN 控制与转发分离的特点，可使网络设备通用化、简单化。SDN 将复杂的业务功能剥离，由上层应用服务器实现，不仅可以降低设备的硬件成本，还可使政企网络更加简化、层次更加清晰。同时，SDN 控制逻辑集中，可以实现政企网络的集中管理与控制、安全策略的集中部署和管理，更可以在控制器或上层应用中灵活定制网络功能，以更好地满足政企网络的需求。

由于政企网络一般由政府或企业自己的信息化部门负责建设、管理和维护，具有封闭性，因此可统一规划、部署和升级改造，SDN 在其中部署的可行性较高。

4. SDN 在电信运营商网络中的应用

电信运营商网络包括宽带接入层、城域层、骨干层等层面。具体的网络还可分为有线网络和无线网络，网络存在多种方式，如传输网、数据网、交换网等。总体来说，电信运营商网络具有覆盖范围大、网络复杂、网络安全可靠性要求高、涉及的网络制式多、多厂商共存等特点。

SDN 控制与转发分离的特点可有效实现设备的逐步融合，能降低设备的硬件成本。SDN 控制逻辑集中的特点可逐步实现网络的集中化管理和全局优化，可以有效提高运营效率，提供端到端的网络服务。SDN 的网络功能开放化和虚拟化有利于电信运营商网络向智能化、开放化发展，发展更丰富的网络服务，并增加收入。

但是，SDN 目前尚不够成熟，标准化程度也不够高。大范围、大量网络设备的管理问题，超大规模 SDN 控制器的安全性和稳定性问题，多厂商的协同和互通问题，不同网络层次/制式的协同和对接问题等均需要尽快得到解决。目前 SDN 在电信运营商网络中的大规模应用还难以实现，但可在局部网络或特定应用场景中逐步使用，如移动回传网络场景、分组与光网络的协同场景等。

5．SDN 在互联网公司业务部署中的应用

编者认为 SDN 的研究重点不应在于软件如何定义网络，而应在于如何开放网络功能。网络的终极意义在于为上层应用提供网络服务，承载上层应用。互联网公司业务基于 SDN 架构进行部署，将是 SDN 的重要应用场景。

SDN 具有网络功能开放化的特点，通过 SDN 控制器的北向接口向上层应用提供标准化、规范化的网络功能接口，可为上层应用提供网络服务功能。ICP/ISP 可根据需要获得相应的网络服务，有效提升最终用户的体验。

2.4.2 SDN 的发展趋势

SDN 作为一种新的网络技术与架构，其核心价值已经得到了业界的广泛认可。越来越多的研究者正在关注 SDN 的未来发展与应用落地，数据面、控制面以及业务编排面等相关技术热点正受到业界持续关注。

SDN 的发展趋势主要表现在以下几个方面。

1．更加开放、灵活的数据面

经过多年的发展，OpenFlow 目前已成为 SDN 的主流南向接口协议之一，且仍在不断演进。然而，对于 OpenFlow 中规定的多级流表，许多硬件厂商受到自己设备原始设计的限制，很难提供足够的支持，目前普遍支持的只有能力受限的两级流表。

OpenFlow 在实际的应用过程中依然受到了基于流水架构的转发芯片的制约，没有完全开放网络的可编程能力。目前主流的 SDN 转发设备处于被动演进的状态，协议版本间互相隔离，导致数据面交换机和控制面控制器对新的版本要进行重新定制和改动，可扩展性和灵活性大打折扣。为此，近几年业界提出了一些新的标准和技术体系，如斯坦福大学主导的可编程协议无关包处理器（P4）协议等。它们突破了传统数据面处理架构的约束，使开发者能够灵活地定义各种协议报文的格式，并能够在控制面通过编程完全控制数据面设备处理数据包。

在可预见的将来，网络数据面之上很可能会诞生一种被市场广泛认可的高级编程语言，它通过编译技术适配不同的数据面硬件。这种高级编程语言将极大地降低网络设备开发的门槛，以繁荣网络应用开发市场。

2. 更高性能的开源网络硬件

软件开源化使软件产业得到了快速发展，硬件的开源化成为网络硬件发展的新趋势之一，英特尔、思科等公司纷纷加入硬件开源的阵营。2004 年到 2012 年，谷歌公司的数据中心通过定制开源硬件以及可扩展性极强的网络架构对数据交换和处理能力进行横向叠加，在性能、功耗、成本上取得了平衡。英特尔公司推出了基于软件的高速数据面开发套件，可在通用处理器上达到 100 Gbit/s 的吞吐率，逐渐接近传统专用硬件设备的转发速率。思科公司于 2016 年实现并开源了高性能数据面产品 FD.io，提出数据面通用加速架构，得到了工业界的广泛关注。

伴随着数据面硬件的开源浪潮，网络硬件设备的设计、生产和维护成本将大幅下降，高速网络硬件的技术壁垒将逐渐被打破，网络基础设施的利润空间将向上游的控制软件和网络应用转移。未来专用硬件的应用场景将逐步减少，而基于通用硬件和开源硬件的性能优化将成为重要的发展方向。

3. 更加智能的网络操作系统

网络操作系统增加了精细化管控能力、弹性管控方式和统一的资源调度机制，成为一种能够实现网络资源高效管控、按需提供网络服务的网络开放核心平台。

2013 年 4 月，思科公司联合 IBM 公司等多家通信公司和 IT 公司，启动了 OpenDaylight 开源项目，旨在打造开源网络操作系统，屏蔽网络各种硬件设备和南向接口协议的差异，使 SDN 开发者在开发网络应用程序时能够更专注于网络业务本身。OpenDaylight 开源项目启动不久，ON.Lab 于 2014 年 12 月推出 ONOS。ONOS 聚焦于如何用控制器来高效地控制运营商级的网络，打造一款可用、可扩展、高性能、完全开源的控制器，其设计理念是能在任何硬件（包括白牌机）上灵活地创建服务并且进行大规模部署，以满足运营商级网络部署的需求。它得到了 AT&T 等公司的大力支持，并已完成平台开发、价值应用发布和概念性部署。

未来的网络操作系统将面向更广阔的各专业网络，具有不同的形态和控制机制。网络操作系统将逐步通过层级化等方式形成统一的控制体系，各层次的网络操作系统间通过高效的层间接口进行交互。此外，未来的网络操作系统将会更加智能，将逐步融合大数据分析、神经网络、机器学习等技术，逐步增强网络自学习、自恢复、自愈合的功能，人工智能与操作系统的深度融合正在加速前行。

4. 网络设备的功能虚拟化

由于现有业务与设备耦合过于紧密，每增加一个新的业务就需要增加相应的网元，所以在

SDN 中引入基于 NFV 的虚拟化网元成为网络发展的重要趋势。通过使用 NFV 技术，网络中的网元将会被虚拟化，从而做到集中、云化的部署和管理。

目前，Linux 基金会已经成立了 NFV 开放平台（Open Platform for NFV，OPNFV）项目，旨在加快与 NFV 相关的新产品和新服务的产业化。现在已经有一些基于 NFV 技术的应用案例得到业界的普遍认可，也有了市场驱动力，主要包括虚拟无线接入网、移动核心网和网络边缘虚拟化等。例如，阿尔卡特朗讯公司于 2014 年发布虚拟化的移动网络功能应用产品组合，同时其与英特尔公司及西班牙电信公司开展合作，推出 CloudBand NFV 平台；NTT 公司于 2014 年发布基于 NFV 的云服务产品，该产品能够提供防火墙、应用加速等多项功能。

NFV 作为新兴技术，目前还存在诸多挑战和较大的提升空间，如存在高效的虚拟化网络功能资源分配、快速部署和迁移等挑战。此外，基于软件的系统可靠性也正成为 NFV 面临的重要挑战之一。不同于传统硬件设备的可靠性解决思路，NFV 需要引入一些计算机软件可靠性设计的方法来提升整体系统的稳定性。

5. 高度自动化的业务编排

随着数据面的开放和底层设备的虚拟化，数据面和底层设备都向上开放了可操作的接口，给网络带来了灵活的业务编排能力。业务编排的主要目的是根据业务的需求，持续编排、部署网络资源，使其以最优化的方式运行。其中，网络资源可以理解为网络中的各类软硬件资源，如链路资源、存储资源、虚拟网络功能资源等；持续可以理解为随着网络环境和业务需求的变化，业务编排需要根据底层的反馈信息，不断地优化网络资源的部署。

业务编排技术带来的业务灵活性和自动化管理能力，能大幅降低运营商的运营成本，一直是运营商所关注的焦点。AT&T 公司在 2016 年 3 月发布了 SDN/NFV 统一编排平台 ECOMP，并在同年 7 月宣布与 Linux 基金会合作，将其全部代码开源并托管在 Linux 基金会下，旨在推动 SDN/NFV 的发展。在 AT&T 公司发布 ECOMP 的同一时间段，中国移动等公司携手 Linux 基金会举办了新闻发布会，发起了全球首个统一的 SDN/NFV 开源协同器的项目倡议，并计划在 2016 年年底针对虚拟用户终端设备场景推出第一个代码版本。

网络业务编排系统灵活和高度自动化的特点在技术实现上也存在许多的难题。例如，网络服务的自动化设计和软硬件资源的分配部署、底层环境中实时数据的收集和分析、根据反馈的数据对逻辑和物理资源生命周期的自动化管理以及端到端一体化业务编排等众多方面的问题需要不断被解决。

本章小结

本章详细介绍了 SDN 的原理，包括 SDN 的定义与体系结构、SDN 的特征、SDN 交换机及南向接口技术、SDN 控制器及北向接口技术，以及 SDN 的应用及发展趋势等，使读者能对 SDN 的原理有基本的理解，为后续的学习打下扎实的基础。

习题

1. 简述 SDN 与 NFV 的区别。
2. SDN 的发展趋势表现在哪几个方面？
3. 简要说明 SDN 的特征。
4. SDN 的关键技术有哪些？

第3章
OpenFlow协议

03

【学习目标】

- 了解OpenFlow的背景
- 掌握流表的结构和功能
- 掌握OpenFlow信道的建立
- 掌握OpenFlow交换机的转发

OpenFlow 是一种网络通信协议，属于数据链路层，能够用于控制网络中交换机或路由器的转发面，借此改变网络数据包所"走"的网络路径。该协议由致力于开放标准和推动 SDN 应用发展的用户主导型组织 ONF 管理。

3.1 OpenFlow 的背景与发展

为了实现 SDN 转发和控制的分离，斯坦福大学最早提出了满足 SDN 转控分离架构的标准，即 OpenFlow 协议 。该协议的发展、演进一直都围绕着两个方面进行：一方面是控制面的增强，让系统功能更丰富、更灵活；另一方面是转发面的增强，可以匹配更多的关键字、执行更多的动作。

3.1.1 OpenFlow 的背景

转发和控制分离是 SDN 的本质特点之一。在 SDN 的网络架构中，控制面与转发面分离，底层的网络基础设施从应用中独立出来。由此，网络获得前所未有的可编程、可控制和自动化能力，使得用户可以很容易地根据业务需求建立高度可扩展的弹性网络。要实现 SDN 的转控分离架构，就需要在 SDN 控制器与数据转发层之间建立一个通信接口标准。

斯坦福大学的 Clean Slate 项目研究组在 2009 年提出了一个可以满足 SDN 转控分离架构的标准，即 OpenFlow 1.0。同时，该小组还开发出了 OpenFlow 的参考交换机和 NOX 控制器。OpenFlow 允许控制器直接访问和操作网络设备的转发面，这些网络设备可以是物理设备，也可以是虚拟的路由器或者交换机。转发面则采用基于流的方式进行转发。

OpenFlow 1.0 问世后不久就引起了业界关注。2011 年 3 月 21 日，德国电信、谷歌、微软、雅虎等公司共同成立了 ONF 组织，旨在推广 SDN，并加大 OpenFlow 标准化的力度。芯片商博通有限公司，设备商思科、瞻博网络、惠普等公司，各数据中心解决方案提供者以及众多运营商纷纷参与其中。该组织陆续制定了 OpenFlow 1.1、OpenFlow 1.2、OpenFlow 1.3、OpenFlow 1.4 等标准，如图 3-1 所示，目前仍在继续完善中。随着越来越多的公司加入 ONF，OpenFlow 及 SDN 的影响力也越来越大。

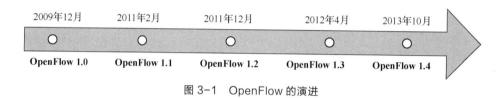

图 3-1　OpenFlow 的演进

3.1.2　OpenFlow 的发展

由于 OpenFlow 对网络的创新发展起到了巨大的推动作用，因此其受到了广泛的关注和支持。由美国国家科学基金会支持的 GENI 对 OpenFlow 进行了资金支持并已开始实施"GENI 事业（GENI Enterprise）"计划。

从提出到现在，OpenFlow 已经在硬件和软件支持方面取得了长足的发展。从 OpenFlow 推出开始，日本 NEC 公司就对 OpenFlow 的相关硬件进行了跟进性的研发，NEC 公司的 IP8800/S3640-24T2XW 和 IP8800/S3640-48T2XW 两款交换机是支持 OpenFlow 的较成熟的交换机。思科、瞻博网络、Toroki 等公司也相继推出了支持 OpenFlow 的交换机、路由器、无线接入点（Access Point，AP）等网络设备。此外，具有 OpenFlow 功能的 AP 也已在斯坦福大学进行了部署，标志着 OpenFlow 已不再局限于固网。2009 年 12 月，OpenFlow 具有里程碑意义的可商用的 1.0 版本发布了，且支持 1.0 版本的软件 Indigo 也发布了 Beta 版本。OpenFlow 相应的支持软件，如 OpenFlow 在 Wireshark 抓包分析工具上的支持插件、OpenFlow 的调试工具（liboftrace）、OpenFlow 虚拟计算机仿真（OpenFlow VMS）等也日趋成熟。

OpenFlow 于 2008 年和 2009 年获得了 SIGCOMM 的最佳演示奖，颇有声望的 *MIT Technology Review* 杂志把 OpenFlow 选为十大前沿技术之一，认为其具有实力改变人们未来的日常生活。此外，美国佐治亚理工学院和哥伦比亚大学、加拿大多伦多大学以及韩国首尔大学分别以讲座和工程实践的方式开设了 OpenFlow 课程。OpenFlow 已经在美国斯坦福大学、Internet2、日本的 JGN2plus 以及其他的 10～15 个科研机构中部署，并将在国家科研骨干网以及其他科研和生产中应用。目前，OpenFlow 已经覆盖日本、葡萄牙、意大利、西班牙、波兰和瑞典等国。

3.2 OpenFlow 的基本概念

作为一种通信协议，OpenFlow 的概念最初提出于 2008 年。2009 年 12 月，OpenFlow 1.0 版本发布。自发布以来，OpenFlow 一直由 ONF 管理。

3.2.1 OpenFlow 的组件

OpenFlow 由 OpenFlow 网络设备（OpenFlow 交换机）、控制器（OpenFlow 控制器）、用于连接网络设备和控制器的安全通道（Secure Channel），以及 OpenFlow 表项组成。其中，OpenFlow 交换机和 OpenFlow 控制器是组成 OpenFlow 网络的实体，要求能够支持安全通道和 OpenFlow 表项。OpenFlow 组件如图 3-2 所示。

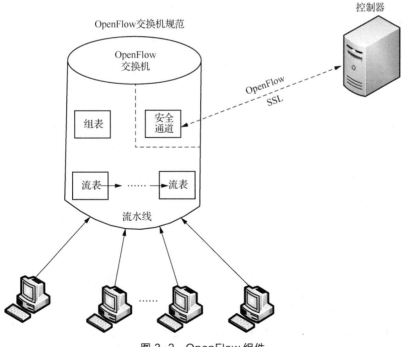

图 3-2 OpenFlow 组件

（1）OpenFlow 控制器。

OpenFlow 控制器位于 SDN 架构中的控制层，通过 OpenFlow 南向指导设备的转发。目前，主流的 OpenFlow 控制器分为两大类：开源控制器和厂商开发的商业控制器。这里简单介绍几款较为知名的开源控制器。

① NOX/POX：NOX 是第一款真正的 SDN OpenFlow 控制器，由 Nicira 公司在 2008 年开发，并且捐赠给开源组织。NOX 支持 OpenFlow 1.0，并提供了 C++的相关 API，采用了异步的、基于时间的编程模型。而 POX 可以视作更新的、基于 Python 的 NOX 版本，支持 Windows、macOS 和 Linux 操作系统中的 Python 开发，主要用于研究和教育领域。

② ONOS：ONOS 是由 ON.Lab 使用 Java 及 Apache 2.0 许可协议实现的首款开源 SDN 网络操作系统，主要面向服务提供商和企业骨干网。ONOS 的设计宗旨是实现可靠性强、性能好、灵活度高的 SDN 控制器。

③ OpenDaylight：OpenDaylight 是一个 Linux 基金会的合作项目，该项目以开源社区为主导，使用 Java 实现开源框架，旨在推动创新实施以及 SDN 透明化。面对 SDN 型网络，OpenDaylight 作为项目核心，拥有一套模块化、可插拔且极为灵活的控制器，还包含一套模块合集，能够用于执行需要快速完成的网络任务。OpenDaylight 产品以化学元素命名，实现了 OpenDaylight 与 NFV 开放平台（Open Platform for NFV，OPNFV）、开源云平台 OpenStack 和开放网络自动化平台（Open Network Automation Platform，ONAP）同步。

大多数开源的 SDN 控制器是完全基于 OpenFlow 开发的，这是因为其设计多数源自 Onix（一种分布式控制器框架）。相比之下，大部分商业控制器会对 OpenFlow 和其他协议进行联合使用，以实现更复杂的功能。在当下 SDN"大行其道"的时代，大多数主流网络厂商（如 VMware、思科、H3C 等公司）推出了自己的商业控制器。例如，H3C 公司的虚拟融合架构控制器（Virtual Converged Framework Controller，VCFC）南向通过 OpenFlow、OVSDB、NETCONF 协议对 SDN 网络设备（主要是 OpenFlow 交换机）进行管控和指导转发，北向提供开放的 REST 接口以及 Java 编程接口，VCFC 整体架构如图 3-3 所示。

（2）OpenFlow 交换机。

OpenFlow 交换机由硬件平面上的 OpenFlow 表项和软件平面上的安全通道构成，OpenFlow 表项为 OpenFlow 的关键组成部分，由控制器下发，以实现控制面对转发面的控制。

OpenFlow 交换机主要有下面两种。

① OpenFlow-Only 交换机：仅支持 OpenFlow 转发。

② OpenFlow-Hybrid 交换机：既支持 OpenFlow 转发，又支持普通二、三层转发。

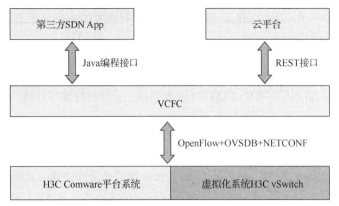

图 3-3　VCFC 整体架构

一个 OpenFlow 交换机可以有若干个 OpenFlow 实例，每个 OpenFlow 实例可以单独连接控制器，相当于一台独立的交换机，其根据控制器下发的流表指导流量转发，OpenFlow 交换机与控制器如图 3-4 所示。OpenFlow 实例使 OpenFlow 交换机可以同时被多组控制器控制。

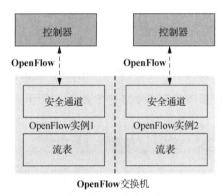

图 3-4　OpenFlow 交换机与控制器

实际上，OpenFlow 交换机在转发过程中依赖于 OpenFlow 流表，转发动作则由 OpenFlow 交换机的 OpenFlow 接口完成。OpenFlow 接口有以下 3 类。

① 物理接口：如交换机的以太网口等，可以作为匹配的入接口和出接口。

② 逻辑接口：如聚合接口、Tunnel 接口等，可以作为匹配的入接口和出接口。

③ 保留接口：由转发动作定义的接口，用于实现 OpenFlow 的转发。

3.2.2　OpenFlow 的流表

OpenFlow 的设计目标之一就是将网络设备的控制功能与转发功能进行分离，进而将控制功能全部集中到远程的控制器上实现，而 OpenFlow 交换机只负责在本地进行简单、高速的数据转发。在 OpenFlow 交换机的运行过程中，其数据转发的依据就是流表。

所谓流表，其实可被视作 OpenFlow 对网络设备的数据转发功能的一种抽象。在传统网络设备中，交换机和路由器的数据转发需要依赖设备中保存的二层 MAC 地址转发表或者三层 IP 地址路由表。OpenFlow 交换机中使用的流表也是如此，但其表项中整合了网络中各个层次的网络配置信息，从而在进行数据转发时可以使用更丰富的规则。

OpenFlow 的表项在其 1.0 版本阶段只有普通的单播表项，即通常所说的 OpenFlow 流表。随着 OpenFlow 的发展，更多的 OpenFlow 表项被添加进来，如组表（Group Table）、计量表（Meter Table）等，用以实现更多的转发特性及服务质量（Quality of Service，QoS）功能。

狭义的 OpenFlow 流表指 OpenFlow 单播表项，广义的 OpenFlow 流表则包含所有类型的 OpenFlow 表项。OpenFlow 通过用户定义的流表来匹配和处理报文。所有流表项都被组织在不同的流表中，在同一个流表中按流表项的优先级进行先后匹配。一个 OpenFlow 的设备可以包含一个或者多个流表。

（1）流表项的组成。

一条 OpenFlow 的流表项由匹配域（Match Fields）、优先级（Priority）、指令（Instructions）和统计数据（如 Counters）等字段组成，流表项的结构随着 OpenFlow 版本的演进而不断丰富，不同协议版本的流表项结构如图 3-5 所示。

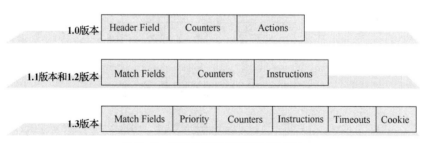

图 3-5　不同协议版本的流表项结构

① Match Fields：流表项匹配域，可以匹配入接口、物理入接口、流表间数据、二层报文头、三层报文头、四层端口号等。

② Priority：流表项优先级，定义流表项之间的匹配顺序，优先级高的先匹配。

③ Counters：流表项统计数据，统计有多少个报文和字节匹配到该流表项。

④ Instructions 和 Actions：流表项动作指令集，定义匹配到该流表项的报文需要进行的处理。当报文匹配该流表项时，每个流表项包含的指令集就会执行。这些指令集中的指令会影响到报文、动作集（Action Set）及管道流程。OpenFlow 交换机不需要支持所有的指令类型，

并且控制器可以询问 OpenFlow 交换机所支持的指令类型。流表项动作指令如表 3-1 所示。

表 3-1　流表项动作指令

指令	处理
Meter	对匹配到流表项的报文进行限速
Apply-Actions	立即执行动作
Clear-Actions	清除动作集中的所有动作
Write-Actions	更改动作集中的所有动作
Write-Metadata	更改流表间数据，在支持多级流表时使用
Goto-Table	进入下一级流表

每个流表项的指令集中每种指令类型最多只能有一个指令，指令执行的优先顺序为 Meter →Apply-Actions→Clear-Actions→Write-Actions→Write-Metadata→Goto-Table。

当 OpenFlow 交换机无法执行某个流表项中的动作时，该交换机可以拒绝这个流表项，并向控制器返回"unsupported flow error"错误信息。

⑤ Timeouts：流表项的超时时间，包括 Idle Time 和 Hard Time。

Idle Time：在 Idle Time 超时后，如果没有报文匹配到该流表项，则该流表项被删除。

Hard Time：在 Hard Time 超时后，无论是否有报文匹配到该流表项，该流表项都会被删除。

⑥ Cookie：控制器下发的流表项的标识。

（2）流表处理流程。

OpenFlow 标准中定义了流水线式的处理流程，流表处理流程如图 3-6 所示。

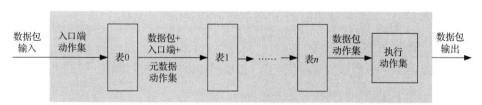

图 3-6　流表处理流程

当数据包进入交换机后，必须从最小的流表开始依次匹配。流表可以按次序从小到大越级跳转，但不能从某一流表跳转至编号更小的流表。当数据包成功匹配一个流表项后，将先更新该流表项对应的统计数据（如成功匹配的数据包总数目和总字节数等），再根据流表中的指令进行相应的操作，例如跳转至后续某一流表继续处理，修改或者立即执行该数据包对应的动作集等。当数据包已经处于最后一个流表时，其对应的动作集中的所有动作将被执行，包括转发至某一端口、修改数据包某一字段、丢弃数据包等。整个流表匹配流程如图 3-7 所示，具体实现时，OpenFlow 交换机还需要对匹配流表项次数进行计数、更新匹配集和元数据等。

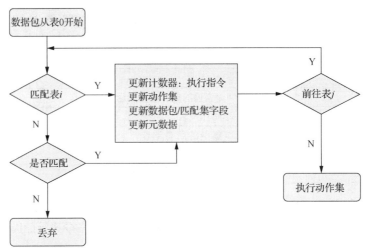

图 3-7　整个流表匹配流程

（3）Table Miss 流表项。

每个流表都包含一个 Table Miss 流表项，该流表项用于定义在流表中没有匹配的数据包的处理方式。该流表项的匹配域为通配的，即匹配任何数据包，优先级为 0，Instructions 与正常表项的相同。通常，如果 Table Miss 流表项不存在，则默认行为是丢弃数据包。

（4）Flow Remove 标记。

表项可以由控制器通过 OpenFlow 消息进行删除，也可以在 Idle Time 超时或者 Hard Time 超时后自动删除。Idle Time 超时有两种情况：某个流表项长时间不匹配数据包，此时 idle_timeout 字段设置为非 0；超过一定时间后，无论某个流表项是否匹配数据包，hard_timeout 字段都设置为非 0。如果控制器在建立流表项时，携带了 Flow Remove 标记，则流表项在被删除时，设备需要通知 Controller Flow Remove 消息。

（5）OpenFlow 组表。

OpenFlow 组表的表项被流表项所引用，提供组播数据包转发功能。一系列的组表项组成了组表，OpenFlow 组表项的结构如图 3-8 所示。

| 组ID | 组类型 | 计数器 | 动作桶 |

图 3-8　OpenFlow 组表项的结构

根据组ID 可检索到相应组表项，每个组表项包含多个动作桶，每个动作桶包含多个动作，动作桶内的动作依照动作集的顺序执行。

（6）OpenFlow 计量表。

OpenFlow 计量表的计量表项被流表项所引用，为所有引用计量表项的流表项提供数据包限速的功能。一系列的计量表项组成了计量表，OpenFlow 计量表项的结构如图 3-9 所示。

计量ID	计量带	计数器

图 3-9　OpenFlow 计量表项的结构

一个计量表项可以包含一个或者多个计量带，每个计量带定义了速率及动作。如果数据包的速率超过了某些计量带的速率，则由计量带中速率最大的定义的动作进行处理。

3.2.3　OpenFlow 的安全通道

OpenFlow 设备与控制器通过建立 OpenFlow 信道进行 OpenFlow 报文交互，实现表项下发、查询及状态上报等功能。通过 OpenFlow 信道的报文都是根据 OpenFlow 定义的，通常采用传输层安全性（Transport Layer Security，TLS）协议加密，但也支持简单的 TCP 直接传输。如果安全通道采用 TLS 加密，则当交换机启动时，会尝试连接到控制器的 TCP 的 6633 端口（OpenFlow 端口默认设置为 6633），双方通过交换证书进行认证。因此，在加密时，每个交换机至少需配置两个证书。

（1）OpenFlow 安全通道的建立。

OpenFlow 控制器开启 TCP 的 6633 端口等待交换机的连接。当交换机启动时，尝试连接到指定控制器的 6633 端口。为了保证安全性，双方需要通过交换证书进行认证。因此，每台交换机至少需配置两个证书，一个用来认证控制器，另一个用来向控制器发出认证。当认证通过后，双方发送握手报文给对方，该握手报文携带支持的最高协议版本号，接收方将采用双方都支持的最低协议版本进行通信。一旦发现双方拥有共同支持的协议版本，则建立安全通道；否则发送错误消息，描述失败原因，并终止连接。

（2）OpenFlow 安全通道的维护。

安全通道建立以后，交换机与控制器通过报文协商一些参数，并定时交换一些保活（Keepalive）报文来维护连接。当连接发生异常时，交换机尝试连接备份控制器（至于备份控制器如何指定，则不在 OpenFlow 规定的范围内）。当多次尝试均失败后，交换机将进入紧急模式，并重置所有的 TCP 连接。

OpenFlow 1.0 支持 3 种报文：控制器-交换机（Controller-to-Switch）报文、异步（Asynchronous）报文和对称（Symmetric）报文。每种报文又有多种子报文类型。

① 控制器-交换机报文由控制器发起，用于管理和检查交互状态。其包括 Features、Configuration、Modify-State、Read-State、Send-Packet、Barrier 等几种子报文类型。

② 异步报文由交换机发起，用于将网络事件或交换机状态的变化更新到控制器。其包括 4

种子报文类型：Packet-in、Flow-Removed、Port-Status 和 Error。

③ 对称报文与前两种报文有所不同，对称报文可由控制器或者交换机中的任意一侧发起。其包括 3 种子报文类型：Hello、Echo 和 Vendor。

3.3 OpenFlow 的运行机制

OpenFlow 的运行机制包括 OpenFlow 控制器和 OpenFlow 交换机之间信道的建立、OpenFlow 报文的处理和 OpenFlow 交换机的转发。

3.3.1 OpenFlow 信道的建立

OpenFlow 控制器和 OpenFlow 交换机之间建立信道的基本过程如下。

（1）OpenFlow 交换机与 OpenFlow 控制器之间通过 TCP 3 次握手过程建立连接，使用的 TCP 端口为 6633。

（2）TCP 连接建立后，OpenFlow 交换机和 OpenFlow 控制器就会互相发送 Hello 报文。Hello 报文负责在 OpenFlow 交换机和 OpenFlow 控制器之间进行版本协商，该报文中 OpenFlow 数据头的类型值为 0。

（3）功能请求（Feature Request）是 OpenFlow 控制器发向 OpenFlow 交换机的报文，目的是获取 OpenFlow 交换机性能信息、功能信息及一些系统参数。该报文中 OpenFlow 数据头的类型值为 5。

（4）功能响应（Feature Reply）是由 OpenFlow 交换机向 OpenFlow 控制器发送的功能响应报文，描述了 OpenFlow 交换机的详细细节。OpenFlow 控制器获得 OpenFlow 交换机的功能信息后，OpenFlow 相关的特定操作即可开始执行。

（5）Echo 请求（Echo Request）和 Echo 响应（Echo Reply）属于 OpenFlow 中的对称报文，它们通常用于 OpenFlow 交换机和 OpenFlow 控制器之间的保活。通常，Echo 请求报文中 OpenFlow 数据头的类型值为 2，Echo 响应报文中 OpenFlow 数据头的类型值为 3。在不同厂商提供的不同设备中，Echo 请求报文和 Echo 响应报文中携带的信息也会有所不同。

当 OpenFlow 设备与所有 OpenFlow 控制器断开连接后，设备进入 Fail Open 模式。OpenFlow 设备存在两种 Fail Open 模式。

（1）Fail Secure 模式：处于该模式的 OpenFlow 交换机的流表项继续生效，直到流表项超时才会被删除。OpenFlow 交换机内的流表项会正常"老化"。

（2）Fail Standalone 模式：所有报文都会通过保留端口进行正常处理，即此时的 OpenFlow 交换机变成传统的以太网交换机。Fail Standalone 模式只适用于 OpenFlow-Hybrid 交换机。

安全通道也有两种模式，不同模式下安全通道重连的机制不同。

（1）并行模式：并行模式下，OpenFlow 交换机允许同时与多个 OpenFlow 控制器建立连接，OpenFlow 交换机与每个 OpenFlow 控制器单独进行保活和重连，互相之间没有影响。当且仅当 OpenFlow 交换机与所有 OpenFlow 控制器的连接断开后，OpenFlow 交换机才进入 Fail Open 模式。

（2）串行模式：串行模式下，OpenFlow 交换机在同一时刻仅允许与一个 OpenFlow 控制器建立连接。一旦与该 OpenFlow 控制器断开连接，OpenFlow 交换机并不会进入 Fail Open 模式，而是立即根据 OpenFlow 控制器的 ID 顺序依次尝试与 OpenFlow 控制器进行连接。如果与所有 OpenFlow 控制器都无法建立连接，则等待重连时间后，继续遍历 OpenFlow 控制器尝试建立连接。在 3 次尝试后，如果仍然没有成功建立连接，则 OpenFlow 交换机进入 Fail Open 模式。

3.3.2　OpenFlow 报文的处理

OpenFlow 协议支持 3 种报文，分别为控制器-交换机报文、异步报文和对称报文，每种报文又有多种子报文类型。OpenFlow 协议对这 3 种报文的处理主要有以下 3 种方式。

（1）OpenFlow 流表下发与初始流表。

OpenFlow 流表下发分为主动和被动两种模式。

主动模式下，控制器将自己收集的流表信息主动下发给网络设备，随后网络设备可以直接根据流表进行转发。

被动模式下，当网络设备收到一个报文没有匹配的流表记录时，会将该报文转发给控制器，由后者决策该如何转发，并下发相应的流表。被动模式的好处是网络设备无须维护全部的流表，只有当实际的流量产生时才向控制器获取流表记录并存储，且当"老化"定时器超时后可以删除相应的流表，因此可以大大节省交换机的芯片空间。

在实际应用中，通常会结合使用主动模式与被动模式。

当交换机和控制器建立连接后，控制器需要主动给交换机下发初始流表，否则进入交换机的报文查找不到流表，会做丢弃处理。这里的初始流表保证了 OpenFlow 的未知报文能够上送给控制器。而对于后续正常业务报文的转发流表，在实际流量产生时，由主动下发的初始流表将业务报文的首包上送给控制器后，触发控制器以被动模式下发。

这里以 H3C VCFC 为交换机下发的一个初始流表举例。OpenFlow 流表是分级匹配的，通常按表 0、表 1、表 2 等顺序依次匹配，每个级别的表中由优先级高的流表项先进行匹配。如图 3-10 所示，表 0 中优先级最高为 65535 的两个流表项匹配到的是端口号为 67、68 的用户数据报协议（User Datagram Protocol，UDP）报文，匹配动作为 goto_table:1，优先级最低的流表项对应的动作为 output:controller，这保证了虚拟机的 DHCP 请求可以发送给控制器，由控制器作为网络中的 DHCP 服务器，避免 DHCP 请求泛洪，同时保证了交换机上所有未知的无流表项匹配的报文都可以上送给控制器，触发控制器被动下发流表给交换机指导转发。

概要	端口	流表	组表	显示流表	匹配项	上一页	下一页	流表总数:6	页数:1/1
表ID		优先级		报文	字节		匹配项		动作指令集
▶ 0		0		271345	29776377				goto_table:1
▶ 0		65535		0	0		Eth_type:ipv4 Ip_proto:udp Udp_dst:68		goto_table:1
▶ 0		65535		20	7132		Eth_type:ipv4 Ip_proto:udp Udp_dst:67		goto_table:1
▶ 0		0		162260	21709739				apply_actions: output:controller

图 3-10　OpenFlow 初始流表例 1

在 OpenFlow 交换机上同样可以观察到初始流表，这里以 H3C S6800 交换机上的一个初始流表举例。图 3-11 所示的流表项表示匹配报文类型为以太网报文，UDP 端口 67、68 说明匹配 DHCP 请求报文，动作为上送给控制器。

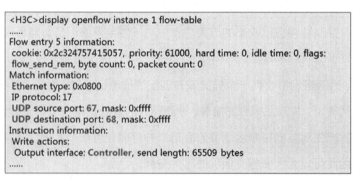

```
<H3C>display openflow instance 1 flow-table
……
Flow entry 5 information:
 cookie: 0x2c324757415057, priority: 61000, hard time: 0, idle time: 0, flags:
 flow_send_rem, byte count: 0, packet count: 0
Match information:
 Ethernet type: 0x0800
 IP protocol: 17
 UDP source port: 67, mask: 0xffff
 UDP destination port: 68, mask: 0xffff
Instruction information:
 Write actions:
 Output interface: Controller, send length: 65509 bytes
……
```

图 3-11　OpenFlow 交换机初始流表例 2

（2）OpenFlow 报文上送给控制器。

OpenFlow 报文上送给控制器的过程如图 3-12 所示。

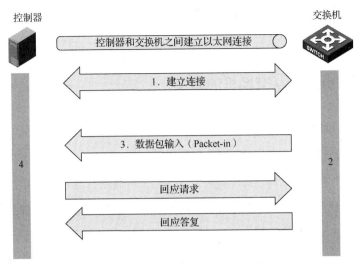

图 3-12　OpenFlow 报文上送给控制器的过程

① 控制器和交换机之间建立连接是数据包输入（Packet-in）事件发生的前提。

② 当交换机收到数据包后，如果明细流表中没有任何与数据包匹配的条目，则会命中 Table Miss 流表项，触发 Packet-in 事件，交换机会将这个数据包封装在 OpenFlow 协议报文中并发送至控制器。

③ 一旦交换机触发了 Packet-in 事件，Packet-in 报文就将发送至控制器。

④ 控制器对 Packet-in 报文做出相应的反应。

Packet-in 数据头包括缓冲 ID、数据包长度和输入端口。Packet-in 事件触发的原因分为两种：一种是无匹配，另一种是流表中明确提到将数据包发送至控制器。

（3）控制器回应 OpenFlow 报文。

控制器收到 Packet-in 报文后，向交换机发送 Flow-Mod 报文，并将 Flow-Mod 报文中的 buffer_id 字段设置为 Packet-in 报文中的 buffer_id 的值。控制器向交换机写入一条与数据包相关的流表项，并且指定该数据包按照此流表项的动作集进行处理。

控制器根据 Packet-in 报文的特征信息（如 IP 地址、MAC 地址等）下发一条新的流表项到交换机中，或者进行其他处理之后下发数据包输出（Packet-out）报文，动作为下发到流表中，具体过程如下。

① 控制器和交换机之间建立连接是 Packet-out 事件发生的前提。

② 控制器要发送数据包至交换机，就会触发 Packet-out 事件将数据包发送至交换机。这一事件的触发可以看作控制器主动通知交换机发送一些报文的操作。通常，当控制器想对交换机的某一端口进行操作时，就会使用 Packet-out 报文。

③ 该数据包由控制器发往交换机，内部信息使用 Packet-out 报文，并由 OpenFlow 数据头封装。

3.3.3 OpenFlow 交换机的转发

OpenFlow 交换机包括一个或多个流表和一个组表，执行分组查找和转发，以及包括到一个外部控制器 OpenFlow 的信道。控制器使用 OpenFlow，可添加、更新和删除流表中的流表项，即主动或被动响应数据包。每个流表项包含匹配字段、计数器和一组指令，用来匹配数据包。行动描述了数据包的转发、数据包的修改和组表的处理。流水线处理的指令允许数据包被发送到后面的流表中进行处理，允许信息以元数据的形式在流表之间进行通信。

当与一个匹配的流表项相关联的指令集没有指向下一个流表时，流表的流水线处理停止，此时该数据包会被修改和转发。流表项可能包含数据包转发到的某个端口，如物理端口、逻辑端口（可指定链路汇聚组、隧道或环回接口）、保留端口（可指定通用的转发行为，如发送到控制器、泛洪或使用非 OpenFlow 方法转发，如普通交换机转发处理）等。

OpenFlow 交换机的转发过程如图 3-13 所示。

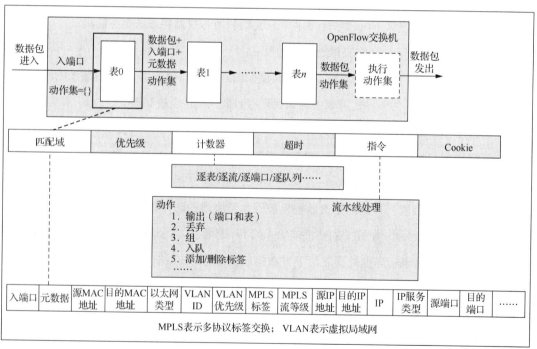

图 3-13 OpenFlow 交换机的转发过程

OpenFlow 交换机在接收一个数据包时，执行图 3-13 中的功能。OpenFlow 交换机开始执行表查找，即查找表中的第 0 个流表，并基于流水线进行处理，也可能在其他流表中执行表查找。

数据包匹配字段从数据包中提取，用于表查找的数据包匹配字段依赖于数据包类型，这些类型通常包括各种数据包的报头字段，如以太网源地址或 IPv4 目的地址。除了通过数据包报头字段进行匹配之外，还可以通过入端口和元数据字段进行匹配。元数据可以用于在一个 OpenFlow 交换机的不同流表中传递信息。报文匹配字段表示报文的当前状态，如果在前一个流表中使用 Apply-Actions 改变了数据包头，那么这些变化也会在数据包匹配字段中反映出来。

数据包匹配字段中的值用于查找匹配的流表项，并通过流表项对数据包进行处理，每个数据包在相应的流表中都会有相应的流表项需进行处理。如果 OpenFlow 交换机支持任意位掩码的特定的匹配字段，则这些掩码可以更精确地进行匹配。

数据包与流表项进行匹配时，优先级最高的流表项必须被选择，此时与被选择的流表项相关的计数器会被更新，选定流表项的指令集会被执行。如果有多个匹配的流表项具有相同的最高优先级，则所选择的流表项被确定为未定义表项。只有控制器在传统的流信息中没有设置 OFPFF_CHECK_OVERLAP 位，并增加了重复的表项的时候，这种情况才会出现。

如果在流水线处理前，OpenFlow 交换机配置包含 OFPC_FRAG_REASM 标签，则 IP 碎片必须被重新组装。

下面以具体的例子描述 OpenFlow 交换机的转发过程。当 OpenFlow 交换机收到一个未知数据包后，其与控制器交互的网络拓扑如图 3-14 所示。若主机 1 需要与主机 2 进行通信，则需要进行如下操作。

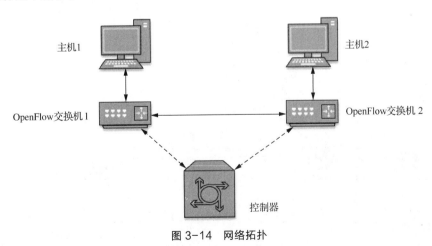

图 3-14　网络拓扑

（1）主机 1 向 OpenFlow 交换机 1 发送数据包。

（2）OpenFlow 交换机 1 查询流表，若无法找到与数据包相匹配的转发规则，则将来自主机 1 的数据包封装在 Packet-in 报文中上发给控制器。

（3）控制器收到 Packet-in 报文后，根据使用的路由算法计算得到该数据包的转发策略，并通过 Packet-out 报文下发给 OpenFlow 交换机 1。

（4）OpenFlow 交换机 1 执行控制器下发的转发策略，按照转发策略将数据包转发给 OpenFlow 交换机 2。

（5）OpenFlow 交换机 2 查询流表，若存在与数据包匹配的转发规则，则按照转发规则进行转发，否则执行步骤（2）～步骤（4）；最终将来自主机 1 的数据包转发给主机 2。

从以上 OpenFlow 交换机转发数据包的过程可以看出，对于未知数据包，OpenFlow 交换机会将其上发给控制器，由控制器根据自身的转发策略制定转发规则。若该数据包从未在网络中出现过，则对于转发路径中的所有 OpenFlow 交换机都需要与控制器进行通信以获取转发所需的转发规则。

在以上步骤中，Packet-in 报文和 Packet-out 报文起到了重要作用。在 OpenFlow 中，Packet-in 报文的功能是将到达 OpenFlow 交换机的数据包发送给控制器。根据 OpenFlow 规定，有两种情况可能会导致在网络中产生 Packet-in 报文：一种是数据包与流表中的所有匹配规则都不一致；另一种是匹配的流表中的匹配规则执行的行为是发送给控制器的。OpenFlow 交换机将数据包发送到控制器时，可以选择缓存或者不缓存数据包两种方式。对于 OpenFlow 交换机的处理，SDN 控制器的工作流程如图 3-15 所示，具体分为以下 3 个步骤来实现。

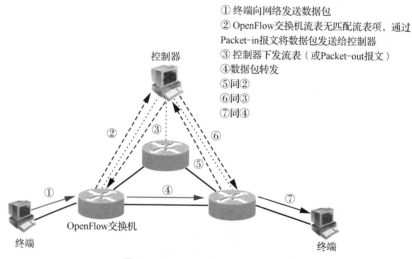

图 3-15 SDN 控制器的工作流程

（1）控制器与 OpenFlow 交换机建立通道，控制器通过通道控制和管理 OpenFlow 交换机。

（2）当 OpenFlow 交换机收到一个数据包且流表中没有匹配的流表项时，OpenFlow 交换机会将数据包封装在 Packet-in 报文中并发送给控制器，此时数据包会缓存在 OpenFlow 交换机中等待处理。

（3）控制器收到 Packet-in 报文后，向 OpenFlow 交换机发送 Flow-Mod 报文，并将 Flow-Mod 报文中的 buffer-id 字段设置为 Packet-in 报文中的 buffer-id 的值。控制器向 OpenFlow 交换机写入一条与数据包相关的流表项，并指定该数据包按照此流表项的动作集进行处理。

但是并不是所有的数据包都需要向 OpenFlow 交换机中添加一条流表项进行匹配处理，网络中还存在多种数据包，它们出现的次数很少（如地址解析协议、互联网组管理协议数据包），以至于没有必要通过流表项来指定这一类数据包的处理方法。此时，控制器可以使用 Packet_out 报文，告诉 OpenFlow 交换机某一个数据包应如何处理。

本章小结

本章详细介绍了 OpenFlow，包括 OpenFlow 的背景与发展、OpenFlow 的基本概念和 OpenFlow 的运行机制，特别从 OpenFlow 信道的建立、OpenFlow 报文的处理和 OpenFlow 交换机的转发这 3 个方面重点讲解了 OpenFlow 的运行机制，同时以具体的例子描述了 OpenFlow 交换机的转发过程，以方便读者深入理解 OpenFlow，为后续的学习打下扎实的基础。

习题

1. OpenFlow 由哪几部分组成？
2. OpenFlow 流表的作用是什么？
3. OpenFlow 安全通道是如何建立的？
4. OpenFlow 的运行机制包含哪些？
5. 简述 OpenFlow 信道建立的具体步骤。
6. 以具体例子描述 OpenFlow 交换机的转发过程。

第4章
软件交换机OVS的应用

04

【学习目标】

- 了解OVS的体系结构
- 掌握OVS的源码结构
- 掌握OVS的数据转发流程
- 掌握OVS的安装与注意事项

OVS 是一个高质量的多层软件交换机，使用开源的 Apache 2.0 许可协议，由 Nicira 公司开发，主要由可移植的 C 代码实现。OVS 支持多种 Linux 虚拟化技术，包括 Xen/XenServer 和 VirtualBox。

OVS 是一个软件交换机，主要用于虚拟机环境。在这种虚拟化的环境中，软件交换机主要有两个作用：传递虚拟机之间的流量，以及实现虚拟机和外界网络的通信。

4.1 OVS 的体系结构

在 OVS 中，有几个非常重要的概念，分别介绍如下。

网桥（Bridge）：网桥代表以太网交换机，一个主机中可以创建一个或者多个网桥设备。

端口（Port）：端口与物理交换机的端口概念类似，每个端口都隶属于一个网桥。

接口（Interface）：连接到端口的网络接口设备。通常情况下，端口和接口是一对一的关系，只有在配置端口为 bond 模式后，端口和接口才是一对多的关系。

控制器（Controller）：这里指 OpenFlow 控制器。OVS 可以同时接受一个或者多个 OpenFlow 控制器的管理。

数据通道（Datapath）：在 OVS 中，数据通道负责执行数据交换，即将从接收端口收到的数据包在流表中进行匹配，并执行匹配到的动作。

流表(Flow Table)：每个数据通道都和一个流表关联，当数据通道接收到数据之后，OVS
会在流表中查找可以匹配的流表，执行对应的操作，如转发数据到其他端口。

ovs-vswitchd：OVS 虚拟交换守护程序，实现交换功能，其和 Linux 内核兼容模块一起
用于实现基于流的交换。

ovsdb-server：轻量级的数据库服务，主要保存整个 OVS 的配置信息，包括接口、交换
内容、VLAN 等。ovs-vswitchd 会根据数据库中的配置信息工作。

图 4-1 所示为 OVS 的模块结构，其主要分为 3 部分，分别是外部控制器（Extra
Controller）、用户态（User）和内核态（Kernel）。

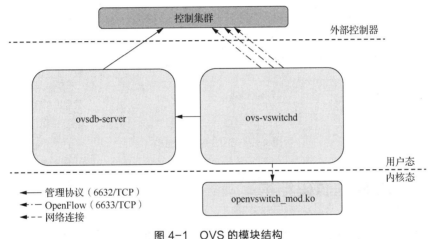

图 4-1 OVS 的模块结构

外部控制器的功能表现在 OVS 的用户可以从外部连接 OpenFlow 控制器对软件交换机进
行配置管理，可以指定流规则、修改内核态的流表信息等。

用户态主要包括 ovs-vswitchd 和 ovsdb-server 两个进程。ovs-vswitchd 是执行 OVS
的一个守护进程，它实现了交换机的核心功能，并通过 Netlink 协议直接和 OVS 的内核模块
进行通信。在交换机运行的过程中，ovs-vswitchd 还会将交换机的配置、数据流信息及其
变化保存到数据库中，因为这个数据库由 ovsdb-server 直接管理，所以 ovs-vswitchd 需
要和 ovsdb-server 通过 UNIX 的 Socket 机制进行通信以获得或者保存配置信息。
ovsdb-server 的存在使得 OVS 的配置能够被持久化存储，即使设备被重启，相关的 OVS
配置依然能够存在。

对于内核态，openvswitch_mod.ko 是内核态的主要模块，用于完成数据包的查找、转发、
修改等操作。一个数据流的后续数据包到达 OVS 后将直接交由内核态，通过 openvswitch_
mod.ko 中的处理函数对数据包进行处理。

OVS 的体系结构如图 4-2 所示，通过 ovs-vsctl 创建的所有网桥、网卡都保存在数据库中，ovs-vswitchd 会根据数据库中的配置创建真正的网桥、网卡；ovs-dpctl 用来配置 OpenFlow 交换机内核模块；ovs-vsctl 用于查询和更新 ovs-vswitchd 的配置；ovs-ofctl 用于查询和控制 OpenFlow 交换机和控制器。

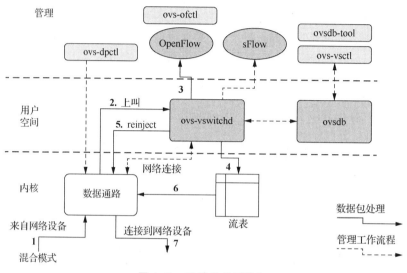

图 4-2　OVS 的体系结构

4.2　OVS 的源码结构

OVS 进行数据流交换的主要逻辑是在 ovs-vswitchd 和 openvswitch.ko 中实现的，其源码结构如图 4-3 所示。ovs-vswitchd 会从 ovsdb 中读取配置，并调用 ofproto 层进行虚拟网卡的创建或者流表的操作。ofproto 是一个库，实现了对软件交换机和流表的操作；netdev 层抽象了连接到软件交换机的网络设备；dpif 层实现了对流表的操作。

对 OVS 而言，有以下几种网卡类型。

（1）netdev（通用网卡设备）。

对于接收，netdev 在接收到报文后会直接通过 OVS 接收处理函数进行处理，不会再遵循传统内核协议栈。

对于发送，OVS 中的一条流从该 netdev 发送时会通过该网卡设备。

（2）internal（一种虚拟网卡设备）。

对于接收，当从系统发出的报文路由通过该设备发送的时候，就进入 OVS 接收处理函数。

对于发送，OVS 中的一条流指定了从该 internal 发送的时候，该报文被重新注入内核协议栈。

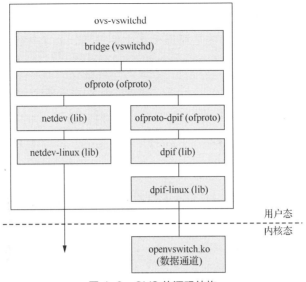

图 4-3　OVS 的源码结构

（3）gre 设备。

对于接收，当系统收到 gre 报文后，接着解析 gre 头，并传递给 OVS 接收处理函数。

对于发送，OVS 中的一条流指定了从该 gre 设备发送时，报文会根据流表规则加上 gre 头以及外层包裹 IP 地址，查找路由并发送。

创建 OVS 网桥的流程分析。

（1）通过 ovs-vsctl 创建网桥，将创建网桥的参数发送给 ovsdb，ovsdb 将参数写入数据库。

（2）ovs-vswitchd 从 ovsdb 中获取创建网桥的配置信息，在 ovs-vswitchd 层创建一个 Bridge 结构体信息。

（3）将 Bridge 结构体信息应用到 ofproto 层，在 ofproto 层通过 ofproto_create 创建网桥，ofproto_create 通过用户指定的网桥类型查找包含该类型的 ofproto provider（目前只支持一个 ofproto provider）。查找后创建 ofproto 结构体（该结构体也表示一个网桥），并通过 ofproto provider 构造函数创建 ofproto provider 的私有信息。

（4）ofproto-dpif 层的构造函数的原理：ofproto-dpif 会为相同类型的 ofproto 创建一个 backer 结构体，所有类型的 ofproto 的 backer 使用全局列表表示。ofproto-dpif 通过 backer 关联 dpif，同时 backer 关联 upcall 处理线程。netdev 没有实现 upcall 注册函数，所以对应的 backer 线程实际上不做任何处理，但依然会有该处理线程。Netlink 协议通过 backer 启动的线程实现 upcall 数据包的处理。

创建 OVS 网桥的流程如图 4-4 所示。从图中可以看出，bridge_run()、ofproto_run()、

connmgr_run()结构体是对于一个网桥而言的，且分别和网桥是一对一关系，互相之间也是一对一关系。从 connmgr_run()开始是和连接实例相关的，一个 connmgr_run()对应多个 ofconn_run()（例如，一个网桥连接多个控制器，则需要建立多个 ofconn_run()实例）；一个 ofconn_run()对应一个 rconn_run()；一个 rconn_run()对应多个 vconn_run()，这是因为 rconn_run()除了和控制器建立连接外，可能还会实现监听功能，即监测并复制交互的消息，即一个 rconn_run()会对应一个 vconn_run()和一个 vconn_run()结构体类型的监听数组。

各模块的作用如下。bridge_run()用于网桥的建立、配置和更新，ofproto_run()用于提供更为切实的网桥实例，connmgr_run()用于实现连接管理，ofconn_run()用于处理与控制器的连接，rconn_run()用于消息发送和状态转移管理，vconn_run()用于 rconn_run()实例中，网桥和控制器或是管理工具之间的连接，vconn_run()用于传递连接中的消息。

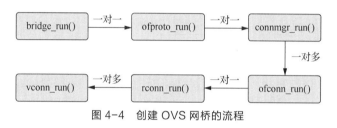

图 4-4　创建 OVS 网桥的流程

4.3　OVS 的数据转发流程

OVS 的数据转发流程如下。

（1）OVS 的数据通道接收到从 OVS 连接的某个网络设备发送的数据包，从数据包中提取源/目的 IP 地址、源/目的 MAC 地址、端口等信息。

（2）OVS 在内核状态下查看流表结构（通过 Hash 查看），观察是否有缓存的信息可用于转发此数据包。

（3）假设此数据包是此网络设备发送的第一个数据包，在 OVS 内核中，将不会有相应的流表缓存信息存在，那么内核将不知道如何处置此数据包，所以内核将发送上叫给用户态。

（4）位于用户态的 ovs-vswitchd 进程接收到上叫后，将检查数据库以查询数据包的目的端口是哪里，并告诉内核应该将数据包转发到哪个端口，如 eth0。

（5）内核执行用户此前设置的动作，即内核将数据包转发给端口 eth0，进而数据包被发送出去。

OVS 的数据接收流程与上述流程类似，OVS 会为每个与外部相连的网络设备注册一个句柄，一旦这些网络设备在线上接收到了数据包，OVS 就会将其转发到用户空间，并检查它应该发往何处以及应该对它采取什么动作。例如，如果是一个 VLAN 数据包，那么需要先删除 VLAN Tag，再将其转发到对应的端口。

4.4 OVS 的安装及注意事项

OVS 是在 Apache 2.0 许可协议下实现分布式虚拟多层网络交换机功能的产品级开源软件，其目的是给硬件虚拟化环境提供交换机堆栈，支持计算机网络中使用的多种协议和标准。

本书介绍基于下列环境安装 OVS。

① 虚拟机 VMware Workstation 10.0.2。

② Ubuntu 14.10（内核版本：Linux 4.4.0-142-generic）。

③ OVS 选择截稿前最新的 2.12.0 版本。

OVS 各版本支持的 Linux 内核版本如表 4-1 所示，可以根据表 4-1 选择适合的 Linux 操作系统进行安装。

表 4-1　OVS 各版本支持的 Linux 内核版本

OVS	Linux 内核	OVS	Linux 内核
1.4.x	2.6.18~3.2	1.11.x	2.6.18~3.8
1.5.x	2.6.18~3.2	2.0.x	2.6.18~3.10
1.6.x	2.6.18~3.2	2.1.x	2.6.18~3.11
1.7.x	2.6.18~3.3	2.3.x	2.6.32~3.14
1.8.x	2.6.18~3.4	2.4.x	2.6.32~4.0
1.9.x	2.6.18~3.8	2.5.x	2.6.32~4.3
1.10.x	2.6.18~3.8	2.6.x	3.10~4.7
2.7.x	3.10~4.9	2.10.x	3.10~4.17
2.8.x	3.10~4.12	2.11.x	3.10~4.18
2.9.x	3.10~4.13	2.12.x	3.10~5.0

安装 OVS 的步骤如下。

（1）准备工作。在正式安装 OVS 之前需要安装一些系统组件及库文件作为正确运行 OVS 的环境依赖。请切换至 root 用户进行操作。

```
1.    # apt-get update
2.    # apt-get install -y build-essential
```

注意，正常运行时，只需要安装上述环境依赖。如果需要进一步开发 OVS，则可能需要安装其他环境依赖。

（2）执行 uname –a 命令查看当前 Linux 内核版本，如图 4-5 所示。

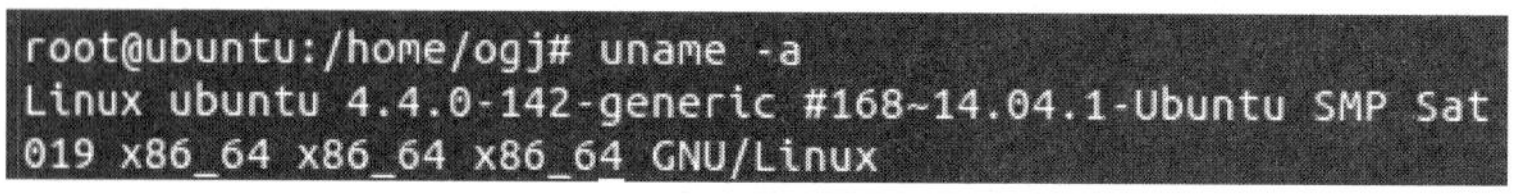

```
root@ubuntu:/home/ogj# uname -a
Linux ubuntu 4.4.0-142-generic #168~14.04.1-Ubuntu SMP Sat
019 x86_64 x86_64 x86_64 GNU/Linux
```

图 4-5 查看当前 Linux 内核版本

可知当前 Linux 内核版本为 4.4.0，则根据表 4-1 可知，需要选用的 OVS 版本为 2.12.x。

（3）下载 OVS 2.12.0 的安装包，需执行的命令如下。

1.　# wget http://openvswitch.org/releases/openvswitch-2.12.0.tar.gz
2.　# tar –xzf openvswitch-2.12.0.tar.gz

具体过程如图 4-6 所示。

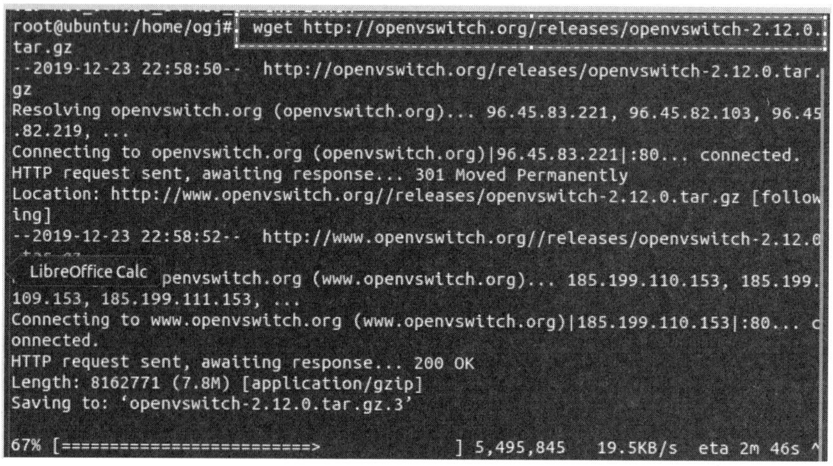

```
root@ubuntu:/home/ogj# wget http://openvswitch.org/releases/openvswitch-2.12.0.
tar.gz
--2019-12-23 22:58:50--  http://openvswitch.org/releases/openvswitch-2.12.0.tar.
gz
Resolving openvswitch.org (openvswitch.org)... 96.45.83.221, 96.45.82.103, 96.45
.82.219, ...
Connecting to openvswitch.org (openvswitch.org)|96.45.83.221|:80... connected.
HTTP request sent, awaiting response... 301 Moved Permanently
Location: http://www.openvswitch.org//releases/openvswitch-2.12.0.tar.gz [follow
ing]
--2019-12-23 22:58:52--  http://www.openvswitch.org//releases/openvswitch-2.12.0
                penvswitch.org (www.openvswitch.org)... 185.199.110.153, 185.199.
109.153, 185.199.111.153, ...
Connecting to www.openvswitch.org (www.openvswitch.org)|185.199.110.153|:80... c
onnected.
HTTP request sent, awaiting response... 200 OK
Length: 8162771 (7.8M) [application/gzip]
Saving to: 'openvswitch-2.12.0.tar.gz.3'

67% [=========================>      ] 5,495,845   19.5KB/s  eta 2m 46s
```

图 4-6 下载 OVS 2.12.0 的安装包的过程

（4）构建基于 Linux 内核的交换机。

1.　# cd openvswitch-2.12.0
2.　#./configure
3.　# make clean
4.　# ./configure --with-linux=/lib/modules/`uname –r`/build 2>/dev/null

注意这里./configure 的作用，它一般用来生成 Makefile 文件，为下一步的编译做准备。如果没有这一步，后面执行 make clean 或 make 等命令时就会报错，如图 4-7 所示。原因在于下载的 openvswitch-2.12.0 文件自身没有 Makefile 文件，此时需要提前执行./configure，从而生成 Makefile 文件，之后执行 make clean 等命令时则不会报错，如图 4-8 所示。

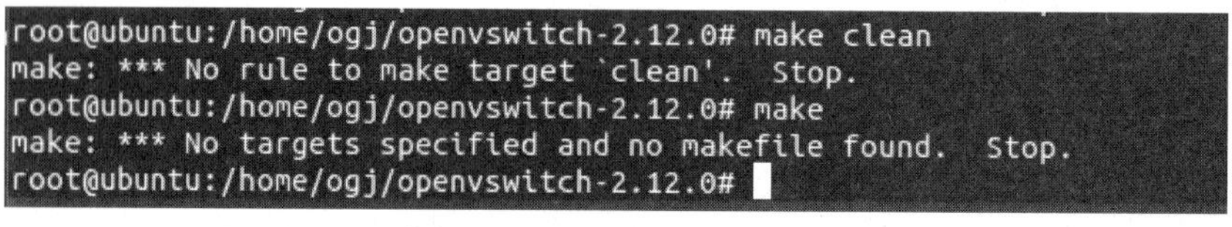

```
root@ubuntu:/home/ogj/openvswitch-2.12.0# make clean
make: *** No rule to make target `clean'.  Stop.
root@ubuntu:/home/ogj/openvswitch-2.12.0# make
make: *** No targets specified and no makefile found.  Stop.
root@ubuntu:/home/ogj/openvswitch-2.12.0#
```

图 4-7 执行 make clean 或 make 命令时报错

```
root@ubuntu:/home/ogj/openvswitch-2.12.0# make clean
Making clean in datapath
make[1]: Entering directory `/home/ogj/openvswitch-2.12.0/datapath'
make[2]: Entering directory `/home/ogj/openvswitch-2.12.0/datapath'
test -z "distfiles" || rm -f distfiles
rm -rf .libs _libs
rm -f *.lo
make[2]: Leaving directory `/home/ogj/openvswitch-2.12.0/datapath'
make[1]: Leaving directory `/home/ogj/openvswitch-2.12.0/datapath'
make[1]: Entering directory `/home/ogj/openvswitch-2.12.0'
 rm -f utilities/ovs-appctl utilities/ovs-testcontroller utilities/ovs-dpctl uti
lities/ovs-ofctl utilities/ovs-vsctl ovsdb/ovsdb-tool ovsdb/ovsdb-client vtep/vt
ep-ctl ovn/controller/ovn-controller ovn/controller-vtep/ovn-controller-vtep ovn
/northd/ovn-northd ovn/utilities/ovn-nbctl ovn/utilities/ovn-sbctl ovn/utilities
/ovn-trace
test -z "all-distfiles all-gitfiles missing-distfiles distfiles manpage-check fl
ake8-check manpage-dep-check  lib/dirs.c lib/ovsdb-server-idl.c lib/ovsdb-server
-idl.h lib/vswitch-idl.c lib/vswitch-idl.h lib/meta-flow.inc lib/nx-match.inc li
b/ofp-actions.inc1 lib/ofp-actions.inc2 lib/ofp-errors.inc lib/ofp-msgs.inc lib/
```

图 4-8　有 Makefile 文件后执行 make clean 命令不会报错

（5）编译并安装 OVS 2.12.0。

```
1.    # make && make install
```

（6）如果需要 OVS 支持 VLAN 功能，则需要加载 openvswitch.ko 模块；如果不需要支持 VLAN 功能，则此步骤可以忽略。

```
1.    # modprobe gre
2.    # insmod datapath/linux/openvswitch.ko
```

需要注意的是，执行#insmod datapath/linux/openvswitch.ko 时可能会报错，如图 4-9所示。

```
root@ubuntu:/home/ogj/openvswitch-2.12.0# insmod datapath/linux/openvswitch.ko
insmod: ERROR: could not insert module datapath/linux/openvswitch.ko: Unknown sy
mbol in module
```

图 4-9　执行 insmod datapath/linux/openvswitch.ko 时报错

解决办法：执行 modinfo datapath/linux/openvswitch.ko |grep depend 命令。如图 4-10所示，可以看出 openvswitch.ko 依赖于 nf_conntrack、tunnel6、nf_nat、nf_defrag_ipv6、libcrc32c、nf_nat_ipv6、nf_nat_ipv4 这 7 个文件。

```
root@ubuntu:/home/ogj/openvswitch-2.12.0# modinfo datapath/linux/openvswitch.ko
|grep depend
depends:        nf_conntrack,tunnel6,nf_nat,nf_defrag_ipv6,libcrc32c,nf_nat_ipv6
,nf_nat_ipv4
```

图 4-10　执行 modinfo datapath/linux/openvswitch.ko |grep depend 命令

因此需要载入这 7 个文件，命令如下。

```
1.    #modprobe   nf_conntrack
2.    # modprobe tunnel6
```

```
3.    # modprobe nf_nat
4.    # modprobe nf_defrag_ipv6
5.    # modprobe libcrc32c
6.    # modprobe nf_nat_ipv6
7.    # modprobe nf_nat_ipv4
```

执行以上命令，如图 4-11 所示。

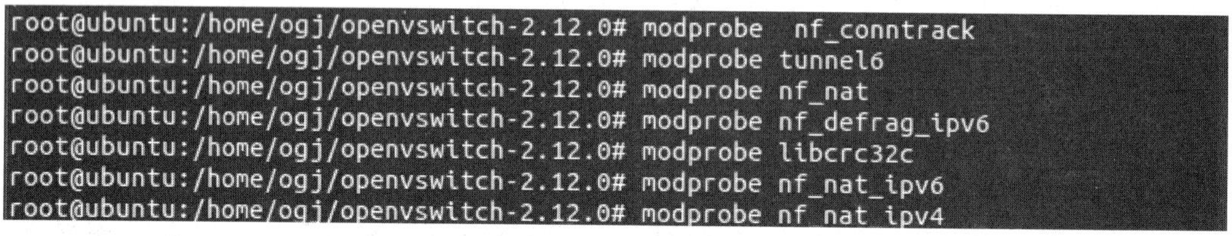

```
root@ubuntu:/home/ogj/openvswitch-2.12.0# modprobe  nf_conntrack
root@ubuntu:/home/ogj/openvswitch-2.12.0# modprobe tunnel6
root@ubuntu:/home/ogj/openvswitch-2.12.0# modprobe nf_nat
root@ubuntu:/home/ogj/openvswitch-2.12.0# modprobe nf_defrag_ipv6
root@ubuntu:/home/ogj/openvswitch-2.12.0# modprobe libcrc32c
root@ubuntu:/home/ogj/openvswitch-2.12.0# modprobe nf_nat_ipv6
root@ubuntu:/home/ogj/openvswitch-2.12.0# modprobe nf_nat_ipv4
```

图 4-11　执行命令

接着执行 insmod datapath/linux/openvswitch.ko 命令，如图 4-12 所示。

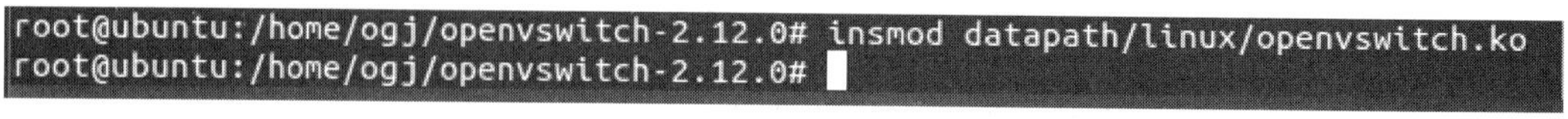

```
root@ubuntu:/home/ogj/openvswitch-2.12.0# insmod datapath/linux/openvswitch.ko
root@ubuntu:/home/ogj/openvswitch-2.12.0#
```

图 4-12　执行 insmod datapath/linux/openvswitch.ko 命令

（7）安装并加载构建的内核模块，命令如下。

```
1.    # make modules_install
2.    # /sbin/modprobe openvswitch
```

需要注意的是，若重启机器导致 OVS 没有启动，则需要重新进行加载。

（8）使用 ovsdb-tool 初始化数据库配置，命令如下。

```
3.    # mkdir -p /usr/local/etc/openvswitch
4.    # ovsdb-tool create /usr/local/etc/openvswitch/conf.db vswitchd/vswitch.ovsschema
```

需要注意的是，vswitchd/vswitch.ovsschema 指的是当前 OVS 工程目录。

至此，如果没有报错，则 OVS 的安装已经成功完成。如果中间步骤出现问题，则应仔细检查是否按步骤进行了操作或有无单词拼写错误。

对于不同的 Linux 内核版本，以上 OVS 的安装方法可能或多或少地会出现一些问题，解决这些问题需要花费一定的时间和精力。现在按照 OVS 的官方安装说明软件，结合网络中一些比较可靠的方法，介绍第二种安装方式。

（1）安装依赖包。

```
1.    # apt-get install build-essential libssl-dev linux-headers-$(uname -r)
2.    #apt-get install graphviz autoconf automake bzip2 debhelper dh-autoreconf libssl-dev
      libtool openssl procps python-all python-qt4 python-twisted-conch
      python-zopeinterface python-six dkms module-assistant ipsec-tools racoon
      libc6-dev  module-init-tools  netbase  python-argparse  uuid-runtime
```

注意，在安装第二个依赖包时，由于下载的文件相对比较大，安装时间会相对较长。

（2）从 OVS 的 Git 仓库中下载源码文件，进入 OVS 文件夹。

```
1.   #git clone https://github.com/openvswitch/ovs.git
2.   #cd ovs
```

（3）执行以下两个脚本。

```
1.   #./boot.sh
2.   #./configure --with-linux=/lib/modules/`uname -r`/build
```

（4）编译并安装（执行以下 3 条命令）。

```
1.   #make
2.   #make install
3.   #make modules_install
```

（5）加载 OVS 模块。

```
1.   #/sbin/modprobe openvswitch
```

（6）利用 ovsdb-tool 初始化数据库配置。

```
1.   #ovsdb-tool create /usr/local/etc/openvswitch/conf.db vswitchd/vswitch.ovsschema
```

（7）开展运行 OVS 前的一些准备工作，在启动 OVS 之前，需要先启动 ovsdb-server
配置数据库。注意，后面的命令大部分是由两个 "-" 组成的。

```
1.   #ovsdb-server -v --remote=punix:/usr/local/var/run/openvswitch/db.sock
     --remote=db:Open_vSwitch,Open_vSwitch,manager_options
     --private-key=db:Open_vSwitch,SSL,private_key
     --certificate=db:Open_vSwitch,SSL,certificate
     --bootstrap-ca-cert=db:Open_vSwitch,SSL,ca_cert --pidfile --detach --log-file
```

（8）初始化 OVS 数据库。

```
1.   #ovs-vsctl --no-wait init
```

（9）启动 OVS 主进程。

```
1.   #ovs-vswitchd --pidfile --detach
```

（10）查看 OVS 进程是否已启动。

```
1.   # ps aux|grep ovs
```

OVS 进程启动如图 4-13 所示。

图 4-13　OVS 进程启动

（11）通过如下命令查看所安装的 OVS 的版本号。

```
1.   # ovs-vsctl --version
```

OVS 的版本号如图 4-14 所示，表示已成功安装并启动 OVS 2.12.0。

```
root@ubuntu:/home/ogj/ovs# ovs-vsctl --version
ovs-vsctl (Open vSwitch) 2.12.0
DB Schema 8.2.0
root@ubuntu:/home/ogj/ovs#
```

图 4-14　OVS 的版本号

4.5　OVS 的应用实例

本节主要从两个方面讲解 OVS 的应用实例，一方面是 OVS 简单的组网实例，另一方面是基于 OVS 的 VLAN 应用及实现。

1. OVS 简单的组网实例

（1）实例要求。

此实例将创建两个 OVS 和两个主机，每个 OVS 上接入一个主机，OVS 之间有链路连接，形成一个链状拓扑。在 OVS 组网完成之后，通过手动方式添加流表，实现网络通信，从而验证实验可行性。

（2）实例拓扑。

实例的组网拓扑如图 4-15 所示，从图中可以看出，其需要创建两个交换机 s1 和 s2。

图 4-15　实例的组网拓扑

（3）实例步骤及运行结果。

具体步骤如下。

① 创建交换机 s1 和 s2。

```
1.    # ovs-vsctl add-br s1
2.    # ovs-vsctl add-br s2
```

注意，在创建交换机之前，必须先执行 4.4 节中关于第二种 OVS 安装方法的步骤（7）～步骤（9），启动 OVS 进程，否则无法创建交换机。

创建交换机的结果如图 4-16 所示。

```
root@ubuntu:/home/ogj/ovs# ovs-vsctl show
4122ecdf-c18e-408c-b181-5a8d0a4c9b7e
    Bridge s2
        Port s2
            Interface s2
                type: internal
    Bridge s1
        Port s1
            Interface s1
                type: internal
```

图 4-16 创建交换机的结果

② 添加端口。

```
1.    # ovs-vsctl add-port s1 p1               %在交换机 s1 上添加端口设置
2.    # ovs-vsctl set Interface p1 ofport_request=10
3.    # ovs-vsctl set Interface p1 type=internal
```

添加端口的结果如图 4-17 所示。

```
root@ubuntu:/home/ogj/ovs# ovs-vsctl show
4122ecdf-c18e-408c-b181-5a8d0a4c9b7e
    Bridge s2
        Port s2
            Interface s2
                type: internal
    Bridge s1
        Port p1
            Interface p1
                type: internal
        Port s1
            Interface s1
                type: internal
root@ubuntu:/home/ogj/ovs#
```

图 4-17 添加端口的结果

同理，在交换机 s1 上添加端口 p2，在交换机 s2 上添加端口 p3、p4。

```
1.    # ovs-vsctl add-port s1 p2
2.    # ovs-vsctl set Interface p2 ofport_request=11
3.    # ovs-vsctl set Interface p2 type=internal
4.    # ovs-vsctl add-port s2 p3
5.    # ovs-vsctl set Interface p3 ofport_request=1
6.    # ovs-vsctl set Interface p3 type=internal
7.    # ovs-vsctl add-port s2 p4
8.    # ovs-vsctl set Interface p4 ofport_request=2
9.    # ovs-vsctl set Interface p4 type=internal
```

添加端口后的交换机如图 4-18 所示。

③ 创建主机。为了避免网络中已有地址发生冲突，需要增加虚拟网络命名空间作为实验的终端主机。创建主机之后，需要为其设置虚拟 IP 地址，并将其连接到 OVS 的数据端口，完成主机接入工作。此实例中，创建 h1 和 h2 两个虚拟主机，设置 IP 地址分别为 192.168.10.10

65

和 192.168.10.11，并将这两个主机分别接入两个 OVS 实例。

```
1.    #ip netns add h2                        %增加虚拟网络命名空间 h2，即创建终端主机 h2
2.    # ip link set p4 netns h2
3.    # ip netns exec h2 ip addr add 192.168.10.11/24 dev p4
4.    # ip netns exec h2 ifconfig p4 promisc up
5.    # ip netns add h1                        %增加虚拟网络命名空间 h1，即创建终端主机 h1
6.    #ip link set p1 netns h1
7.    # ip netns exec h1 ip addr add 192.168.10.10/24 dev p1
8.    # ip netns exec h1 ifconfig p1 promisc up
```

```
root@ubuntu:/home/ogj/ovs# ovs-vsctl show
4122ecdf-c18e-408c-b181-5a8d0a4c9b7e
    Bridge s2
        Port s2
            Interface s2
                type: internal
        Port p4
            Interface p4
                type: internal
        Port p3
            Interface p3
                type: internal
    Bridge s1
        Port p1
            Interface p1
                type: internal
        Port s1
            Interface s1
                type: internal
        Port p2
            Interface p2
                type: internal
root@ubuntu:/home/ogj/ovs#
```

图 4-18　添加端口后的交换机

④ 创建交换机链路。

首先，需要将对应的端口设置为 patch 类型，命令如下。

```
1.    # ovs-vsctl set interface p2 type=patch
2.    # ovs-vsctl set interface p3 type=patch
```

其次，创建 p2 到 p3 的内部链路，命令如下。

```
1.    # ovs-vsctl set interface p2 options:peer=p3
2.    # ovs-vsctl set interface p3 options:peer=p2
```

最后，需要向交换机添加对应的流表，将交换机 s1 从 10 端口进入的数据转发到 11 端口，

反之同理，交换机 s2 的操作同交换机 s1，具体命令如下。

```
1.    # ovs-ofctl add-flow s1 "in_port=10,actions=output:11"
2.    # ovs-ofctl add-flow s1 "in_port=11,actions=output:10"
3.    # ovs-ofctl add-flow s2 "in_port=2,actions=output:1"
4.    # ovs-ofctl add-flow s2 "in_port=1,actions=output:2"
```

⑤ 创建完成之后，查看流表，命令如下。

```
1.    # ovs-ofctl dump-flows s1
```

2. # ovs-ofctl dump-flows s2

此时，流表如图 4-19 所示。

```
root@ubuntu:/home/ogj/ovs# ovs-ofctl dump-flows s1
 cookie=0x0, duration=49.062s, table=0, n_packets=0, n_bytes=0, in_port=p1 actio
ns=output:p2
 cookie=0x0, duration=38.270s, table=0, n_packets=0, n_bytes=0, in_port=p2 actio
ns=output:p1
 cookie=0x0, duration=3646.285s, table=0, n_packets=8, n_bytes=648, priority=0 a
ctions=NORMAL
root@ubuntu:/home/ogj/ovs# ovs-ofctl dump-flows s2
 cookie=0x0, duration=47.550s, table=0, n_packets=0, n_bytes=0, in_port=p4 actio
ns=output:p3
 cookie=0x0, duration=38.566s, table=0, n_packets=0, n_bytes=0, in_port=p3 actio
ns=output:p4
 cookie=0x0, duration=3665.386s, table=0, n_packets=8, n_bytes=648, priority=0 a
ctions=NORMAL
root@ubuntu:/home/ogj/ovs#
```

图 4-19　流表

同时，可在虚拟网络命名空间（终端主机）h1 环境下执行 ping 192.168.10.11 命令，进行连通性测试，具体命令如下。

1. # ip netns exec h1 ping 192.168.10.11

连通性测试的结果如图 4-20 所示。

```
root@ubuntu:/home/ogj/ovs# ip netns exec h1 ping 192.168.10.11
PING 192.168.10.11 (192.168.10.11) 56(84) bytes of data.
64 bytes from 192.168.10.11: icmp_seq=1 ttl=64 time=0.476 ms
64 bytes from 192.168.10.11: icmp_seq=2 ttl=64 time=0.034 ms
64 bytes from 192.168.10.11: icmp_seq=3 ttl=64 time=0.035 ms
64 bytes from 192.168.10.11: icmp_seq=4 ttl=64 time=0.035 ms
64 bytes from 192.168.10.11: icmp_seq=5 ttl=64 time=0.037 ms
64 bytes from 192.168.10.11: icmp_seq=6 ttl=64 time=0.037 ms
64 bytes from 192.168.10.11: icmp_seq=7 ttl=64 time=0.039 ms
64 bytes from 192.168.10.11: icmp_seq=8 ttl=64 time=0.036 ms
64 bytes from 192.168.10.11: icmp_seq=9 ttl=64 time=0.036 ms
```

图 4-20　连通性测试的结果

2. 基于 OVS 的 VLAN 应用及实现

前文介绍了基于 OVS 简单的组网实例，这里主要介绍使用 OVS 实现 VLAN 组网的方法，并通过搭建基本的测试环境来验证实验结果。在 OVS 中，VLAN 的概念和普通交换机的一样，不同的是在 OVS 中可以通过流表进行 VLAN 值的修改，这就使 VLAN 在 OVS 中的应用更加灵活。这里通过两种基本的应用场景讲解 OVS 的 VLAN 实现，其中应用场景一和普通交换机工作的原理相同，通过 Access（访问入口）设置 VLAN Tag，通过 Trunk（级联）转发 VLAN 报文实现 VLAN 的组网；应用场景二为使用 OVS 的流表进行 VLAN ID 的转换从而完成 VLAN 的组网。

（1）应用场景一：通过传统方式设置 VLAN Tag。

如图 4-21 所示，多台 PC 设备（PC1、PC2、PC3 和 PC4）分别接入不同的 SDN 交换机，通过 VXLAN 隧道组成大二层网络。其中，SDN 交换机中的 eth1 和 eth2 两个桥端口用于接入 PC 设备，VXLAN 端口通过 eth0 接入 Internet 并完成隧道封装和传输。OVS 通过 VLAN 组网将 PC1 和 PC3 划分为 VLAN 100，将 PC2 和 PC4 划分为 VLAN 200，从而实现二层的网络隔离。

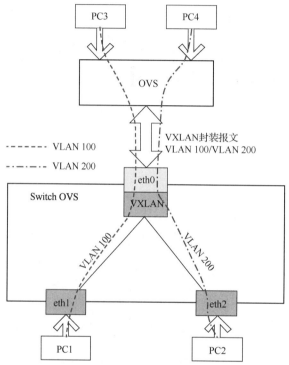

图 4-21　多台 PC 设备通过 VXLAN 隧道组成大二层网络

具体步骤如下。

① 创建 OVS 网桥。

```
1.   # ovs-vsctl add-br br-ovs
```

② 设置 eth1 和 eth2 接入 OVS。

```
1.   # ovs-vsctl add-port br-ovs eth1
2.   # ovs-vsctl set Interface eth1 ofport_request=11
3.   # ovs-vsctl set Interface eth1 type=internal
4.   # ovs-vsctl add-port br-ovs eth2
5.   # ovs-vsctl set Interface eth2 ofport_request=11
6.   # ovs-vsctl set Interface eth2 type=internal
```

③ 设置 eth1 和 eth2 接口为 Access 类型并配置 Tag。

```
1.   # ovs-vsctl set Port eth1 tag=100
2.   # ovs-vsctl set Port eth2 tag=100
```

④ 创建 VXLAN 端口并接入 OVS。

```
1.    # ovs-vsctl add-port br-ovs vxlan -- set interface vxlan type=vxlan options:remote_ip=10.0.0.2 option:key=1
```

⑤ 设置 VXLAN 端口为 Trunk 类型并配置可以转发的 VLAN。

```
1.    # ovs-vsctl set Port vxlan trunks=100,200
```

注意，端口默认类型为 Trunk，如果需要转发所有 VLAN 报文，则该配置可以省略。

⑥ 测试结果。

```
1.    # ovs-vsctl show
```

测试结果如图 4-22 所示。

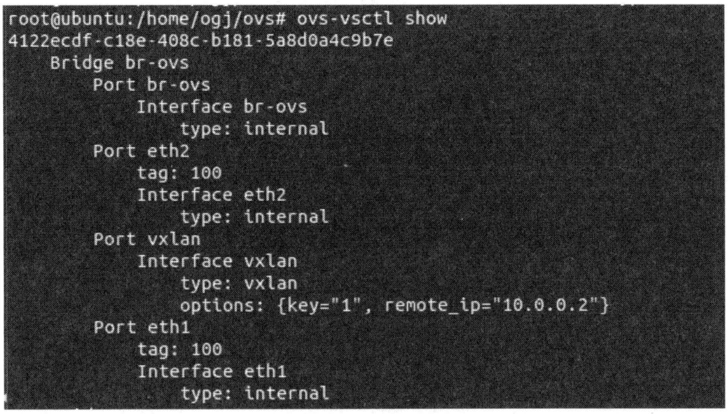

图 4-22　测试结果

PC1、PC2、PC3 和 PC4 的 IP 地址在同一子网中，可以执行 ping 命令测试 PC1 和 PC3、PC2 和 PC4 可以互通，PC1 和 PC2、PC4 无法互通，VLAN 起到了网络隔离的作用。

（2）应用场景二：通过 OVS 流表转换实现 VLAN 组网。

在这种应用场景下，接入 OVS 的某些端口报文自身带有 VLAN，而转发出去的 OVS 对应端口需要转换成其他 VLAN 值（类似于 OpenStack 网络服务中的 VLAN 网络模式）。这里介绍用图 4-23 所示的组网拓扑进行实验测试，其中接入 eth0 端口的物理链路报文分别带有 VLAN 100 和 VLAN 200，对应的内部虚拟主机 VM1 和 VM2 分别使用 VLAN 1 和 VLAN 2 进行网络隔离，采用 OVS 完成 VLAN 100 和 VLAN 1、VLAN 200 和 VLAN 2 的内外部 VLAN Tag 的转换，tap1 和 tap2 分别表示 VLAN1 和 VLAN2 的标识。

为了实现 VLAN 的转换对应关系，使用 OVS 建立两个 OVS 网桥，其中一个 OVS 网桥用于转换进入的 VLAN 100 报文和 VLAN 200 报文为 VLAN 1 报文和 VLAN 2 报文，另一个 OVS 网桥用于转换进入的 VLAN 1 报文和 VLAN 2 报文为 VLAN 100 报文和 VLAN 200。两个 OVS 网桥采用补丁端口（Patch port）进行连接，VLAN 的转换采用流表实现，两个 OVS 网桥的网络结构如图 4-24 所示。

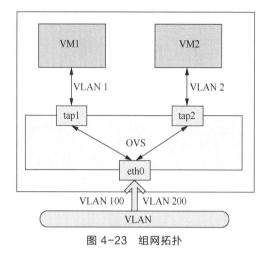

图 4-23　组网拓扑

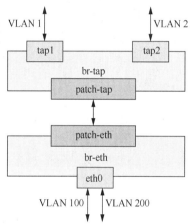

图 4-24　两个 OVS 网桥的网络结构

具体步骤如下。

① 创建 OVS 网桥。

```
1.    # ovs-vsctl add-br br-eth
2.    # ovs-vsctl add-br br-tap
```

此时，OVS 网桥如图 4-25 所示。

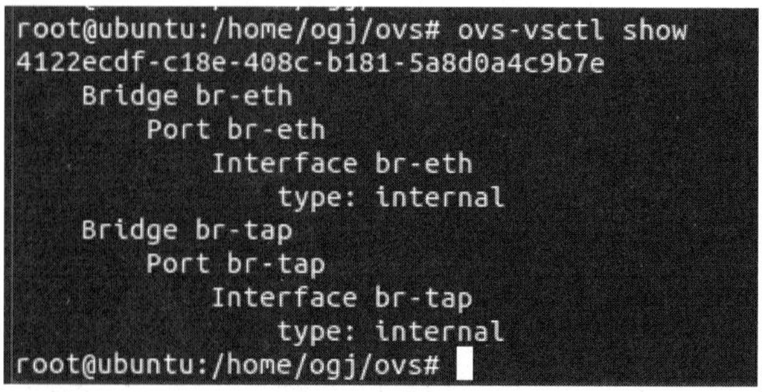

```
root@ubuntu:/home/ogj/ovs# ovs-vsctl show
4122ecdf-c18e-408c-b181-5a8d0a4c9b7e
    Bridge br-eth
        Port br-eth
            Interface br-eth
                type: internal
    Bridge br-tap
        Port br-tap
            Interface br-tap
                type: internal
root@ubuntu:/home/ogj/ovs# 
```

图 4-25　OVS 网桥

② 设置端口接入 OVS 网桥。

1. # ovs-vsctl add-port br-eth eth0
2. # ovs-vsctl add-port br-tap tap1
3. # ovs-vsctl set Interface tap1 ofport_request=11
4. # ovs-vsctl set Interface tap1 type=internal
5. # ovs-vsctl add-port br-tap tap2
6. # ovs-vsctl set Interface tap2 ofport_request=11
7. # ovs-vsctl set Interface tap2 type=internal

③ 设置 tap1 和 tap2 的 Tag。

1. # ovs-vsctl set Port tap1 tag=1
2. # ovs-vsctl set Port tap2 tag=2

④ 连接 OVS 网桥。

1. # ovs-vsctl add-port br-eth patch-eth -- set interface patch-eth type=patch options:peer=patch-tap
2. # ovs-vsctl add-port br-tap patch-tap -- set interface patch-tap type=patch options:peer=patch-eth

⑤ 查看 OVS 配置，如图 4-26 所示。

```
    Bridge br-eth
        Port br-eth
            Interface br-eth
                type: internal
        Port eth0
            Interface eth0
        Port patch-eth
            Interface patch-eth
                type: patch
                options: {peer=patch-tap}
    Bridge br-tap
        Port patch-tap
            Interface patch-tap
                type: patch
                options: {peer=patch-eth}
        Port tap2
            tag: 2
            Interface tap2
                type: internal °
        Port br-tap
            Interface br-tap
                type: internal
        Port tap1
            tag: 1
            Interface tap1
                type: internal
root@ubuntu:/home/ogj/ovs# 
```

图 4-26　查看 OVS 配置

⑥ 为 br-eth 设置 OVS 流表，完成 VLAN 转换（其中，eth0 的端口号为 1）。

1. # ovs-ofctl add-flow br-eth in_port=1, priority=2, dl_vlan=100, actions=mod_ vlan_ vid:1, NORMAL
2. # ovs-ofctl add-flow br-eth in_port=1,priority=1,actions=drop

⑦ 为 br-tap 设置 OVS 流表，完成 VLAN 转换（其中，tap1 的端口号为 1，tap2 的端口号为 2）。

1. # ovs-ofctl add-flow br-tap in_port=1,priority=2,dl_vlan=1,actions=mod_vlan_ vid:100, NORMAL
2. # ovs-ofctl add-flow br-tap in_port=2,priority=2,dl_vlan=2,actions=mod_vlan_ vid:200, NORMAL
3. # ovs-ofctl add-flow br-tap in_port=1,priority=1,actions=drop
4. # ovs-ofctl add-flow br-tap in_port=2,priority=1,actions=drop

⑧ 测试结果。

通过交换机发送 VLAN 100 报文到 eth0，在 eth0 上通过 tcpdump 抓包可以看到 VLAN 100 报文，如图 4-27 所示。

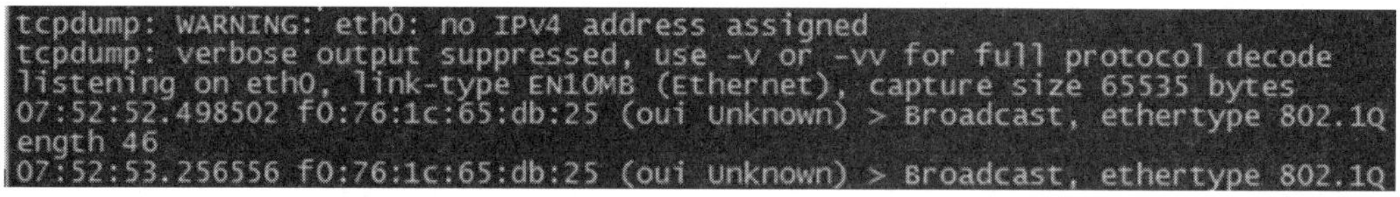

```
tcpdump: WARNING: eth0: no IPv4 address assigned
tcpdump: verbose output suppressed, use -v or -vv for full protocol decode
listening on eth0, link-type EN10MB (Ethernet), capture size 65535 bytes
07:52:52.498502 f0:76:1c:65:db:25 (oui Unknown) > Broadcast, ethertype 802.1Q
ength 46
07:52:53.256556 f0:76:1c:65:db:25 (oui Unknown) > Broadcast, ethertype 802.1Q
```

图 4-27　VLAN 100 报文

在接口 tap1（eth1）上通过抓包可以看到转换后的 VLAN 1 报文，如图 4-28 所示。

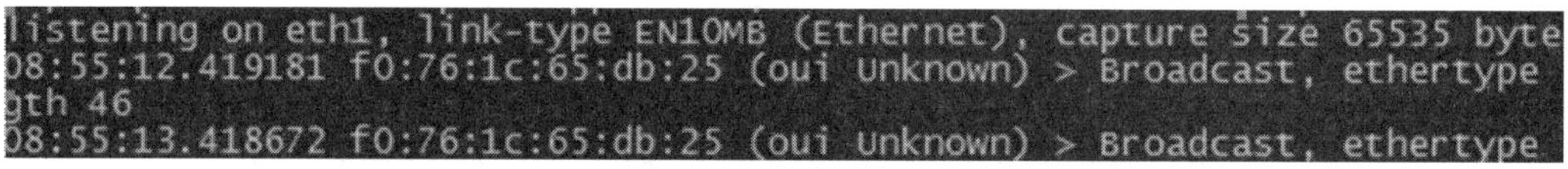

```
listening on eth1, link-type EN10MB (Ethernet), capture size 65535 byte
08:55:12.419181 f0:76:1c:65:db:25 (oui Unknown) > Broadcast, ethertype
gth 46
08:55:13.418672 f0:76:1c:65:db:25 (oui Unknown) > Broadcast, ethertype
```

图 4-28　转换后的 VLAN 1 报文

通过 VM1 发送 VLAN 1 报文到 tap1，通过抓包可以看到 VLAN 1 报文，如图 4-29 所示。

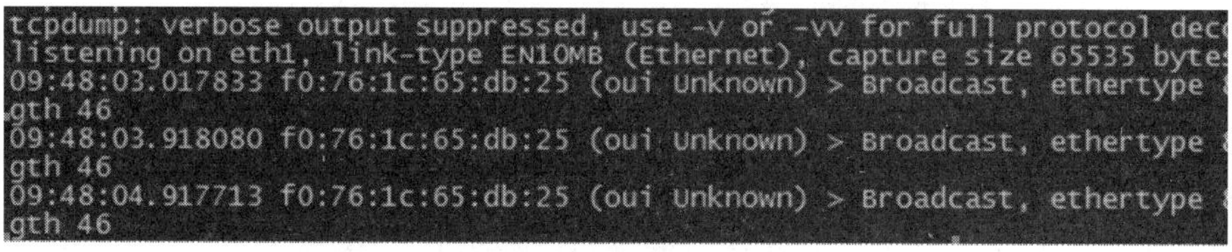

```
tcpdump: verbose output suppressed, use -v or -vv for full protocol deco
listening on eth1, link-type EN10MB (Ethernet), capture size 65535 bytes
09:48:03.017833 f0:76:1c:65:db:25 (oui Unknown) > Broadcast, ethertype
gth 46
09:48:03.918080 f0:76:1c:65:db:25 (oui Unknown) > Broadcast, ethertype
gth 46
09:48:04.917713 f0:76:1c:65:db:25 (oui Unknown) > Broadcast, ethertype
gth 46
```

图 4-29　VLAN 1 报文

在接口 eth0 上通过抓包可以看到转换后的 VLAN 100 报文，如图 4-30 所示。

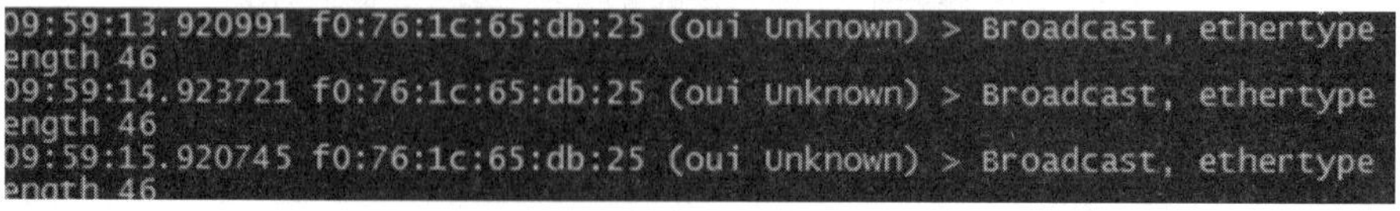

```
09:59:13.920991 f0:76:1c:65:db:25 (oui Unknown) > Broadcast, ethertype
ength 46
09:59:14.923721 f0:76:1c:65:db:25 (oui Unknown) > Broadcast, ethertype
ength 46
09:59:15.920745 f0:76:1c:65:db:25 (oui Unknown) > Broadcast, ethertype
ength 46
```

图 4-30　转换后的 VLAN 100 报文

从以上双向测试结果可以验证，VLAN 的转换成功。

本章小结

本章详细介绍了软件交换机 OVS 的应用，包括 OVS 的体系结构、OVS 的源码结构、OVS 的数据转发流程，并对 OVS 的安装及注意事项进行了详细阐述，同时对 OVS 的应用实例进行了讲解，有利于读者更深入地理解 OVS。

习题

1. OVS 是什么？
2. OVS 分为几个部分，各个部分的功能是什么？
3. OVS 的网卡有几种类型？
4. 简要阐述 OVS 的数据转发流程。

第5章
SDN控制器

05

【学习目标】

- 了解SDN控制器的定义
- 掌握SDN控制器的体系结构
- 了解SDN控制器的3种类型
- 掌握SDN控制器的功能

SDN 将控制面与转发面分离，控制面通过诸如 OpenFlow 等开放的南向接口对数据面进行高效管控。同时，控制面管理网络资源并面向用户应用提供进行管理、监控的抽象层和北向接口。通过北向接口，网络应用的开发者能够通过软件编程来实现对网络资源的调用，同时上层的应用程序可以通过控制器的北向接口全局把握网络资源的状态，对网络资源进行统一调度。通过对网络设备进行编程，可以极大地简化运行在大量硬件平台上的创新应用的开发。

SDN 控制器作为控制面的核心组件，对 SDN 的实现具有重要的作用，本章将对 SDN 控制器的定义、体系结构、类型和功能进行讲解。

5.1 SDN 控制器的定义和体系结构

控制器是控制面的核心组件，SDN 控制器提供的服务要求能够实现控制面的所有功能。通过控制器，从理论上来说用户可以集中控制交换机，实现数据的快速转发，便捷、安全地管理网络，提升网络的整体性能。在现实中，任何一个控制器的实例实际上都是提供了这些功能的一个子集，反映了该控制器对这些功能的取舍。

5.1.1 SDN 控制器的定义

SDN 控制器是 SDN 中的应用程序，或者说是网络的一种操作系统，负责流量控制以确保实现智能网络。SDN 控制器是基于 OpenFlow 等协议运行的，允许服务器告诉交换机向哪里发送数据包。

事实上，SDN 控制器可看作是一种网络操作系统，它不控制网络硬件，而是作为软件运行，这样有利于网络的自动化管理。基于软件的网络控制使集成业务的申请更容易。

一些供应商提供了专有的 SDN 控制器。所以，一个供应商的 SDN 控制器不会总运行在另一个供应商所提供的 SDN 网络硬件上。其他供应商，包括惠普、思科、VMware 和瞻博网络等，它们正在积极参与 SDN 的建设。

5.1.2 SDN 控制器的体系结构

第 2 章对 SDN 控制器的架构进行了基本介绍，本小节将对 SDN 控制器的体系结构进行详细介绍。

1. SDN 控制器体系结构概述

传统网络的操作系统中的设备在物理上是紧密耦合的，而在 SDN 控制器体系结构中，数据面和控制面是完全分离的。控制器作为 SDN 的核心部分，与计算机操作系统的功能类似，需要为开发人员提供一个灵活的开发平台，为用户提供一个便于操作和使用的用户接口。因此，可以参考计算机操作系统的体系结构对 SDN 控制器的体系结构进行理解和设计。

功能模块组合的系统设计思想不可取，会导致系统的可扩展性很差，同时管理者也很难对这种架构的系统进行维护。为了解决功能模块组合架构存在的问题，人们提出了"层次化"的体系结构，即根据模块所实现的功能不同，对它们进行分类。最为基础的模块放在最底层，一些较为核心的模块作为第二层，其余模块根据分类情况依次向上叠加。图 5-1 所示是大多数 SDN 控制器的体系结构，从图中可以看出，它由基本功能层、网络基础服务层和应用服务层组成，下面主要对基本功能层和网络基础服务层进行说明。

（1）基本功能层。

① 一个通用的控制器可以方便地添加接口协议，这对于动态、灵活地部署 SDN 而言非常重要，因此这一层首先要完成的就是协议适配功能。需要适配的协议主要包括两类：一类是用来跟底层交换设备进行信息交互的南向接口协议，另一类是用于控制平面进行分布式部署的东、西向接口协议。协议适配功能主要分为以下 3 方面：一是网络的维护人员可以根据网络的

实际情况，使用较合适的协议来进行优化；二是考虑到与传统网络的兼容性问题，可以使用现有的网络协议作为南向和东、西向接口协议，这样可以以最小的代价升级和改造传统网络；三是控制器能够完成对底层多种协议的适配，并向上层提供统一的 API，达到对上层屏蔽底层多种协议的目的。

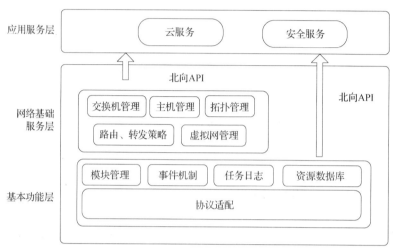

图 5-1　SDN 控制器的体系结构

② 协议适配工作完成后，控制器需要提供用于支撑上层应用开发的功能。这些功能主要包括 4 个部分。

a. 模块管理：重点完成对控制器中各模块的管理。允许在不停止控制器运行的情况下加载新的应用模块，实现上层业务变化前后底层网络环境的无缝切换。

b. 事件机制：该模块定义了与事件处理相关的操作，包括创建事件、触发事件、事件处理等。事件作为消息的通知者，在模块之间划定了清晰的界限，提高了应用程序的可维护性和重用性。

c. 任务日志：该模块提供基本日志功能。开发者可以用它来快速调试自己的应用程序，网络管理人员可以用它来高效、便捷地进行维护。

d. 资源数据库：包含了底层各种网络资源的实时信息，主要包括交换机资源、主机资源、链路资源等，方便开发人员查询使用。

（2）网络基础服务层。

为了让开发者能够专注于上层的业务逻辑，提高开发效率，需要在控制器中加入网络基础服务层，以提供基础的网络功能。

该层中的模块可以通过调用基本功能层的接口实现设备管理、状态检测等一系列基本功能。这一层涵盖的模块有很多，下面介绍 5 个主要的功能模块。

① 交换机管理：控制器从资源数据库中得到底层交换机信息，并将这些信息以更加直观的方式提供给用户及上层应用服务的开发者。

② 主机管理：与交换机管理模块的功能类似，重点负责提取网络中主机的信息。

③ 拓扑管理：控制器从资源数据库中提取到链路、交换机和主机的信息后，就会形成整个网络的拓扑结构图。

④ 路由、转发策略：提供数据分组的转发策略，最简单的策略有根据二层 MAC 地址转发数据分组，以及根据 IP 地址转发数据分组。用户也可以在此基础上继续开发，制定自己的转发策略。

⑤ 虚拟网管理：虚拟网管理可以有效利用网络资源，实现网络资源价值的最大化。但是出于安全性的考虑，SDN 控制器必须能够通过集中控制和自动配置的方式实现对虚拟网络的安全隔离。

2．几种 SDN 控制器体系结构

从第一个控制器平台 NOX 出现至今，已逐渐出现一系列基于 OpenFlow 的网络控制器平台。这些控制器平台在向下封装与交换机通信的 OpenFlow 的同时，也向上层网络控制应用提供相对更高层的开放编程接口。当前主流的基于 OpenFlow 的控制器平台主要有 NOX、Onix、Floodlight 等。另外，由斯坦福大学和加州大学伯克利分校的 SDN 先驱所创立的非营利性组织 ON. Lab 也推出了自己的开源 SDN 操作系统——ONOS。下面分别对 Onix、OpenDaylight、ONOS 这 3 种 SDN 控制器的体系结构进行介绍。

（1）Onix 体系结构。

Onix 体系结构由网络控制逻辑、Onix、网络连接基础设施和物理网络基础设施组成，如图 5-2 所示。

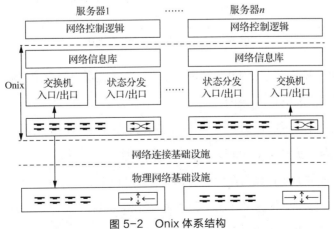

图 5-2　Onix 体系结构

网络连接基础设施提供物理网络基础设施和 Onix 之间的通信连接；而物理网络基础设施是指交换机、路由器等网络设备，Onix 能对其进行网络状态的读写。Onix 是运行于物理服务器集群之上的分布式系统。Onix 为网络控制逻辑提供了可编程的网络访问接口。Onix 实例还负责将网络状态信息扩散至其他 Onix 实例，因此 Onix 可以扩展应用于大型网络中。网络信息库（Network Information Base，NIB）用于维护网络全局的状态信息，Onix 设计的关键在于实现并维护 NIB 的分发机制，从而保证整个网络状态信息的一致性。

Onix 提供了一系列北向的 RESTAPI，可用于编程、查询和配置控制器的各项功能。控制器还支持对于 OpenFlow 协议的扩展。在网络服务方面，其支持拓扑结构管理和路径转发管理。

（2）OpenDaylight 体系结构。

OpenDaylight 将自己定位为一个支持 SDN 的网络编程平台，并且为 NFV 及更多不同大小和规模的网络创建一个可靠的基础平台。OpenDaylight 体系结构如图 5-3 所示。

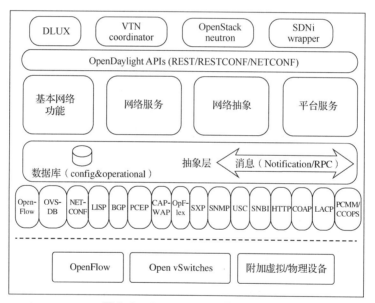

图 5-3　OpenDaylight 体系结构

OpenDaylight 采用模块化的框架结构，基于 Java 实现，为应用提供开放的北向接口，支持 OSGi 框架和双向的 REST API。

控制面主要包含基本网络服务和一些附加的网络服务，这些附加的网络服务都可以通过插件的方式安装、加载，提高了 OpenDaylight 的灵活性。

南向接口通过插件的方式支持多种协议，包括 OpenFlow 1.0、OpenFlow 1.3、BGP-LS 等。这些插件被动态挂载到服务抽象层（Service Abstraction Layer，SAL），SAL 为上层提供服务，将来自上层的调用封装为适合底层网络设备的协议格式。

SAL 把外部和内部的服务请求映射到适当的南向插件中，并提供建立更高级别的基本服务抽象。内部服务包括拓扑抽象和发现、路径计算单元通信协议（Path Computation Element Communication Protocol，PCEP）、OpenFlow 及 NETCONF。

（3）ONOS 体系结构。

ONOS 从服务提供商的角度开展架构设计，具有高可用性、高可扩展性等基本性能。ONOS 体系结构如图 5-4 所示。

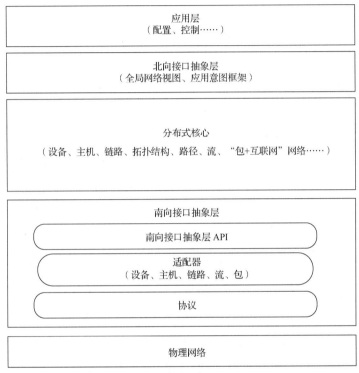

图 5-4　ONOS 体系结构

ONOS 采用分布式核心平台架构，可以作为服务部署在服务器集群上，体现了运营商级的 SDN 控制器特征。ONOS 以集群方式运行的能力使 SDN 控制器和服务提供商网络具有类似 Web 服务的灵活性。

ONOS 中有两个强大的北向接口抽象层：应用意图框架和全局网络视图。应用意图框架屏蔽了服务运行的复杂性，允许应用向网络请求服务而不需要了解服务运行的具体细节；全局网络视图为应用提供了网络视图，包括主机、交换机，以及与网络相关的状态参数等。北向接口抽象层用于对网络和应用与控制服务、管理和配置服务解耦。这个抽象层也是 SDN 控制器和服务提供商网络具有类似 Web 服务的灵活性的因素之一。

南向接口抽象层隔离了 ONOS 的核心功能和底层设备。ONOS 的南向接口抽象层将各网络组件表示为通用格式的对象。通过这个抽象层，分布式核心可以维护网络组件的状态，并且不需要知道底层设备的具体细节。图 5-4 展示了南向接口抽象层的分层结构，ONOS 通过协议与设备连接，协议细节被适配器屏蔽。事实上，南向接口抽象层的核心是在不知道具体协议细节和网络组件的条件下维护网络组件对象（如设备、主机、链路等）。通过南向接口，分布式核心可以与网络组件对象的状态保持一致，南向接口可将分布式核心与协议细节和网络组件相隔离。

软件模块化是 ONOS 的一大特征，基于软件的形式可以很方便地进行添加、修改和维护操作，便于开发者进行开发、调试、维护和升级。

5.2 SDN 控制器的控制方式

NOX 是出现较早且被广泛使用的控制器，它能够提供一系列基本接口。用户可以通过 NOX 对全局网络信息进行获取、控制与管理，并能利用它提供的接口编写定制的网络应用。随着 SDN 规模的扩展，单一集中控制的控制器（如 NOX）的处理能力受到限制，扩展困难，遇到了性能瓶颈，因此仅适合小型企业或科研人员等使用。网络中可采用两种方式扩展单一集中控制的控制器：一种方式是提高控制器自身的处理能力，另一种方式是采用多控制器。

控制器拥有全局网络信息，需要处理整个网络的海量数据，因此需要具有较高的处理能力。NOX-MT 提升了 NOX 的性能，它是具有多线程处理功能的 NOX 控制器。NOX-MT 并未改变 NOX 的基本结构，而是利用传统的并行技术提升性能，使 NOX 用户可以快速更新至 NOX-MT，且不会由于控制器的更替产生相关的不一致问题。还有一种并行控制器为 Maestro，它通过良好的并行处理架构，充分发挥了高性能服务器的多核并行处理能力，其在网络规模较大的情况下的性能明显优于 NOX。

对于众多中等规模的网络来说，一般使用一个控制器即可实现相应的控制功能，不会对性能产生明显影响。然而，对于大规模网络来说，仅依靠多线程处理的方式将无法保证性能。一个较大规模的网络可分为若干个区域，若保持使用单一集中控制的方式来处理交换机请求，如图 5-5 所示，则该控制器与其他区域的交换机之间将存在较大延迟，影响网络处理性能，这一问题将随着网络规模的进一步扩大变得更加严重。此外，单一集中控制还存在单点失效问题。通过扩展控制器的数量可以解决上述问题，即将控制器物理分布在整个网络中，仅需保持逻辑中心控制特性。这样可使每个交换机都与较近的控制器进行交互，从而提升网络的整体性能。

分布式控制器一般可采用两种方式进行扩展，分别是扁平控制方式（见图 5-6）和层次控制方式（见图 5-7）。对于扁平控制方式，所有控制器被放置在不相交的区域中，用于分别管理各自的网络。各控制器的地位相同，并通过东、西向接口进行通信。对于层次控制方式，控制器之间具有垂直管理的功能。也就是说，局部控制器负责各自的网络，全局控制器负责局部控制器，控制器之间的交互可通过全局控制器来完成。

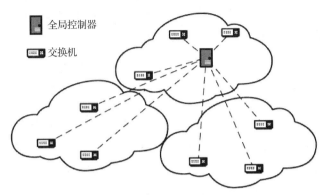

图 5-5　SDN 中的单一集中控制的控制器

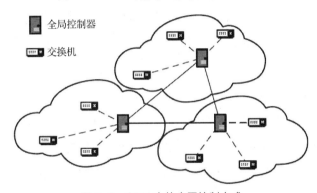

图 5-6　SDN 中的扁平控制方式

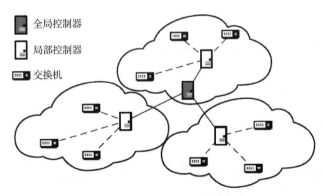

图 5-7　SDN 中的层次控制方式

扁平控制方式要求所有控制器都处于同一层次。虽然从物理上来说各个控制器位于不同的区域，但从逻辑上来说所有的控制器均为全局控制器，掌握着全网状态。当网络拓扑发生变化时，所有控制器将同步进行更新，而交换机仅需调整与控制器的地址映射即可，无须进行复杂的更新操作。因此，扁平控制方式扩展对数据层的影响较小。Onix 作为一个 SDN 分布式控制器，支持扁平控制方式的控制器架构，它通过 NIB 进行管理。每个控制器都有对应的 NIB，通过保持 NIB 的一致性，实现控制器之间的同步更新。HyperFlow 允许网络运营商部署任意多个控制器，并将这些控制器分布在网络的各个角落。控制器之间具有物理分离而逻辑集中的特点，因此仍然保持 SDN 集中控制的特点。HyperFlow 通过注册和广播机制进行通信，并在某控制器失效时，通过手动配置的方式将失效控制器管理的交换机重新配置到新控制器上，保证了可用性。在扁平控制方式中，虽然每个控制器都掌握全网状态，但只控制局部网络，造成了一定的资源浪费，增加了网络更新时控制器的整体负载。此外，在实际部署中，不同的区域可能属于拥有不同经济实体的运营商，无法做到控制器在不同区域之间的"平等通信"。

层次控制方式按照用途对控制器进行了分类。局部控制器相对靠近交换机，它负责管理本区域内包含的节点，仅掌握本区域的网络状态，如与邻近交换机进行常规交互和下发高命中规则等。全局控制器负责全网信息的维护，可以实现需要全网信息的路由等操作。控制器交互时有两种方式：一种是局部控制器与全局控制器之间的交互，另一种是全局控制器之间的交互。对于不同运营商所属的区域来说，仅需协商好全局控制器之间的信息交互方式。Kandoo 实现了层次控制方式，当交换机转发报文时，先询问较近的局部控制器。若该报文属于局部信息，则局部控制器迅速做出回应；若局部控制器无法处理该报文，则将询问全局控制器，并将获取的信息下发给交换机。该方式避免了全局控制器的频繁交互，有效降低了流量负载。这种方式的使用效果取决于局部控制器所处理信息的命中率，在局部应用较多的场景中具有较高的执行效率。

5.3 SDN 控制器的 3 种类型

本节主要介绍 SDN 控制器中比较常用的 3 种类型，分别是 OpenDaylight 控制器、Floodlight 控制器和 Ryu 控制器。

5.3.1 OpenDaylight 控制器

OpenDaylight 处在 SDN 的控制面，具有拓扑管理、交换机管理、路径转发管理、主机管理和网络资源切片管理 5 个基础功能，支持 OpenFlow、定位器/ID 分离协议（Locator/ID Separation Protocol，LISP）、边界网关协议（Border Gateway Protocol，BGP）等，多个控制器之间可以采用集群的模式进行工作。OpenDaylight 采用 OSGi 作为实现架构，使用

Maven 管理代码，允许在控制器运行时进行功能模块的安装、删除和更新。与其他控制器相比，在设计上，OpenDaylight 使用起来较灵活、扩展性好；在功能上，OpenDaylight 支持更多的协议，具备更为完备的服务功能。此外，OpenDaylight 得到了微软、思科、IBM 等公司的支持，更有可能在实际中得到广泛的应用。

1. OpenDaylight 的架构

图 5-8 所示为 OpenDaylight 的架构，这里将进行详细介绍。

OpenDaylight 自底向上分为 4 层，即南向接口协议层、服务抽象层、控制层及北向接口层，如图 5-8 所示。

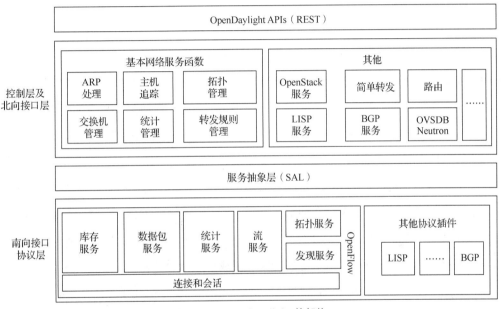

图 5-8 OpenDaylight 的架构

南向接口协议层包含 OpenFlow、LISP、BGP 等协议插件，负责与实际的网络设备进行通信、收集网络设备信息、监听相应端口、处理有关的控制和数据报、向控制层提供配置网络设备和获取网络设备信息的接口。

SAL 作为整个架构的核心，屏蔽了不同南向接口协议插件之间的差异，负责接口路由和适配的工作，使南向接口协议层呈现统一的北向接口供控制层调用。这里分析的控制器版本中，SAL 在实现上又分为 API-Driven SAL（以下简称 AD-SAL）和 Model-Driven SAL（以下简称 MD-SAL）。基本网络服务函数中的功能模块和 OpenFlow 协议插件的交互采用了 AD-SAL 的实现方式。而 MD-SAL 实现了接口的动态匹配，并且网络应用程序可以通过 RESTCONF/NETCONF 模块提供的服务对 MD-SAL 中的数据节点进行操作。MD-SAL 会通知数据节点的监听者进行处理，以达到配置网络设备的目的。

控制层主要包括在 OpenFlow 等协议插件的基础上形成的 6 个模块——交换机管理模块、统计管理模块、拓扑管理模块、转发规则管理模块、ARP 处理模块和主机追踪模块，分别负责交换机管理、信息统计、网络拓扑管理、流表管理、ARP 报文处理及主机追踪。这 6 个模块之间相互联系，并为其他功能模块提供服务接口。控制层中还包括一些与南向接口协议相对应的特有的功能模块（如 LISP 服务模块、BGP 服务模块等），以及一些网络业务编排和服务功能管理的模块（如 OpenStack 服务模块等）。

北向接口层为网络应用程序提供了访问的接口，OpenDaylight 采用了 REST API。网络应用程序可通过 REST API 对流表、设备连接等事件进行操作。扩展的功能模块可以自己实现北向接口，也可以使用 MD-SAL 提供网络应用程序访问的接口。

2. OpenDaylight 的工作流程

在 OpenDaylight 中，每个模块都可以调用其他模块暴露的接口，一般是上层模块调用下层模块的接口以获取服务，下层模块调用上层模块的接口进行事件通知。这里以网络拓扑的形成为例，分析 OpenDaylight 如何获取底层网络设备的信息，从而形成网络拓扑结构的流程。由于 SAL 主要负责接口路由和适配的工作，因此为了简单，这里将省略 SAL 及其他辅助的功能模块。网络拓扑形成过程如图 5-9 所示。步骤 1～步骤 9 是 OpenDaylight 通过 OpenFlow 协议插件发送链路层发现协议（Link Layer Discovery Protocol，LLDP）报文获取交换机的连接拓扑，其中步骤 1～步骤 3 为发现服务对新连接的交换机发送 LLDP 探测报文；步骤 4 为交换机收到报文后向与它相邻的交换机转发该报文；步骤 5～步骤 7 为交换机将 LLDP 报文打包发送给发现服务；步骤 8 和步骤 9 为发现服务形成一条新的"边"并通过拓扑服务交给拓扑管理模块。步骤 10～步骤 15 是通过 ARP 报文获取主机与交换机连接的拓扑，其中步骤 10～步骤 13 为交换机收到主机的 ARP 报文后将其打包转发给 OpenDaylight 并交由 ARP 处理模块进行处理；步骤 14 为 ARP 处理模块从收到的 ARP 报文中提取主机 IP 地址和交换机的端口信息，并将这些信息交给主机追踪模块；步骤 15 为主机追踪模块形成主机与交换机连接的"边"并交给拓扑管理模块。拓扑管理模块再将这两种类型的"边"结合起来，形成整个网络的拓扑结构。

3. OpenDaylight 的功能扩展

OpenDaylight 的功能扩展大致分为以下两种情况。

一种情况是在原有功能模块的基础上，只在控制层上添加模块。例如，OpenDaylight 中的路由模块就是在拓扑管理模块提供的服务的基础上，采用 Dijkstra 算法来获取两个交换机之间的最短路径的；简单转发模块使用路由模块计算的路径，调用转发规则管理模块的服务下发流表，形成一个简单的 IP 转发网络。

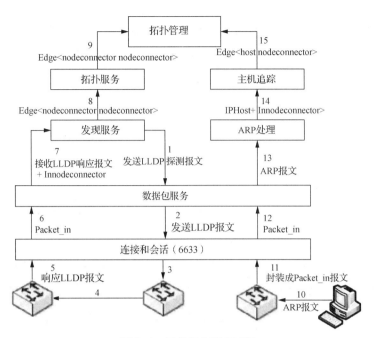

图 5-9　网络拓扑形成过程

另一种情况是对协议的扩展，需要在南向接口协议层增加协议插件模块，负责监听协议端口、收发相关报文，并完成报文到相关数据结构的序列化与逆序列化；在控制层需要增加具体的处理模块，这两个模块之间通过 SAL 进行交互，建议使用 MD-SAL。例如，对于 OpenDaylight 的 LISP 功能，南向的 LISP 插件监听了 4342 端口（LISP 控制报文端口），并将接收到的 LISP 控制报文经由 MD-SAL 交给控制层的 LISP 服务进行处理。另外，如果扩展的模块需要对外部应用程序提供访问接口，则需要实现北向的 REST API。

5.3.2　Floodlight 控制器

Floodlight 是一个开源的、企业级的、采用 Apache 许可证的、基于 Java 的 OpenFlow 控制器，由开发者社区进行维护。设计 Floodlight 的目的是实现对数量日益庞大的交换机、路由器、虚拟交换机和支持标准 OpenFlow 协议的接入点的灵活控制。而其开源的特性也使其质量更可靠，更具有透明性。Floodlight 不仅是一个 SDN 控制器，它还包含一系列模块化应用，而这些应用可以向上提供 REST API，从而帮助应用层的应用更好地管控整个网络。Floodlight 是使用 Java 开发的，基于 Java 跨平台的特性，Floodlight 可以运行在多种操作系统中，其较主要的运行环境是 Ubuntu 和 macOS。

（1）Floodlight 的特性。

Floodlight 提供了一个模块加载系统，使开发者通过 IOFMessageListener 和 IFloodlightModule 两个接口可以方便地扩展和增加功能，在很弱的依赖关系下即可完成设置。不仅如此，Floodlight 还支持多种虚拟和物理 OpenFlow 交换机，如 OVS、Arista 7050 等。Floodlight 可以处理混合在一起的 OpenFlow 网络和非 OpenFlow 网络，它能实现对由多种 OpenFlow 交换设备组成的网络的管理。同时，Floodlight 是控制器的核心，这足以说明它在性能方面的优异性。

（2）Floodlight 的架构。

Floodlight 不仅是一个 SDN 控制器，还是 SDN 控制器和一系列模块化的 Floodlight 的应用的集合。它通过实现一系列常用功能来控制和查询 OpenFlow 网络。与此同时，在其之上的应用通过实现不同的功能特性来满足用户对于网络不同的需求，用户通过这些应用可以完成对整个 OpenFlow 网络的抽象化和虚拟化，获取网络的拓扑结构，还可以通过这些应用完成对网络流量的管理和控制，以及对网络 QoS 相关参数的配置。Floodlight 的架构如图 5-10 所示。

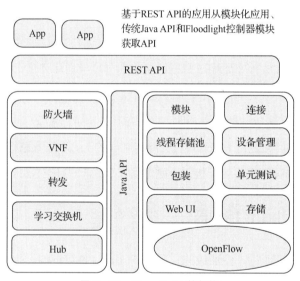

图 5-10　Floodlight 的架构

（3）编程语言分析。

在 Floodlight 之前，一些 SDN 控制器采用的编程语言是 C/C++，虽然它们可以用来开发性能优异的应用，但是使用这些语言进行开发也显著地增加了开发者的负担。一些常见的问题包括大段时间的完整编译（如10min）、混淆产生编译错误的真正原因、手动进行内存管理造成错误、内存溢出等。当然，开发者采用了一些方法力求解决这些问题，例如，采用外围组件增量编译以缩短编译时间、严格控制使用如智能指针类的技术以避免内存错误等。但是即便如此，这些方法仍是不完善的，因为这些方法的使用仅局限在少数开发者之中。

虽然选择 C/C++在一些环境下是正确的，但是对于一个在商品化硬件上运行的 SDN 控制器来说，能否有一种语言可以轻易地实现 CPU 和内存的延展成了一个值得探讨的问题。基于以上思考，要满足要求，所采用的编程语言必须满足 3 个特性：内存自动管理、跨平台及性能优异。

内存自动管理（也称垃圾回收）可以"消除"大多数与编程相关的问题。拥有这一特性的编程语言的编译时间通常很短或者基本可以忽略不计，从而减少了因为等待程序编译而浪费的时间。这类语言同时提供错误报告并指出具体在哪一行上发生编译/运行错误，而满足以上要求的语言有 C#、Java 和 Python 等。3 种编程语言的特性比较如表 5-1 所示。

表 5-1　3 种编程语言的特性比较

语言	内存自动管理	跨平台	性能优异
C#	√	×	√
Java	√	√	√
Python	√	√	×

运行 Floodlight 的操作系统是 Linux，如果能在没有显著移植工作量的情况下使其能够运行在 macOS 和 Windows 上，则对于开发者和使用者来说都是极为方便的。若是在跨平台移植中涉及太多工作量，则会阻碍最初的 SDN 控制器移植到一些非 Linux 的操作系统之上。

C#、Java 和 Python 都具备一些跨平台运行的能力。然而，官方对 C#提供的解释器——公共语言运行库（Common Language Runtime，CLR），缺少对非 Windows 之外的操作系统的支持，所以 Floodlight 并未采用 C#。

性能优异是一个很主观的术语。在这种情况下，它的衡量标准之一就是处理器内核的扩展能力，官方的解释器中缺乏真正的多线程使 Python 无法成为 Floodlight 的编程语言。而 Java 则可以很好地满足以上所说的条件：首先，由于 Java 虚拟机的存在，Java 几乎可以跨大多数操作系统使用，而不需要太多的移植操作；其次，Java 能很好地支持内存动态管理，在编程中没有指针这一概念，所以很好地杜绝了很多编程过程中可能出现的错误；最后，完美地支持多线程使 Java 在性能上拥有很优异的表现，而使用 Java 编写的如 Hadoop 和 Tomcat 都展现出了很好的性能。所以，最终 Floodlight 成了一个基于 Java 的 SDN 控制器。

5.3.3　Ryu 控制器

Ryu 是由日本 NTT 公司负责设计研发的一个开源 SDN 控制器。同 POX 一样，Ryu 是完全用 Python 实现的，使用者可以用 Python 在其上实现自己的应用。Ryu 支持 OpenFlow

1.0、OpenFlow 1.2 和 OpenFlow 1.3，并支持在 OpenStack 上的部署应用。Ryu 采用了 Apache 许可证，一些版本实现了 simple_switch、rest_topology 等应用。

1. Ryu 的架构

Ryu 的架构如图 5-11 所示。Ryu SDN 框架主要提供控制功能，通过北向接口的 REST API 为 SDN 应用提供服务，供 SDN 应用调度和控制流量及网络；通过南向接口的 OpenFlow 等协议控制 OpenFlow 交换机，完成流量交互。

进一步对图 5-11 进行细化，Ryu 细化后的架构如图 5-12 所示。

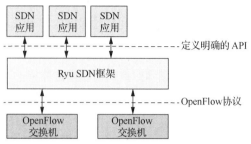

图 5-11　Ryu 的架构

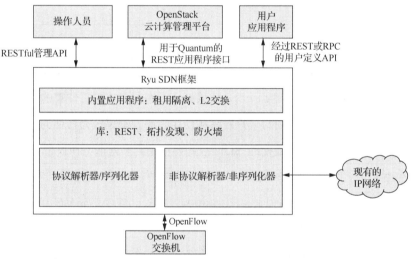

图 5-12　Ryu 细化后的架构

其中，Ryu SDN 框架起到了承上启下的作用，是南、北向接口的控制和交换中枢。SDN 应用层大致分为 3 类：第 1 类是 Operator，通过 RESTfu 管理 API 对 Ryu SDN 框架进行网络的控制和管理；第 2 类是 OpenStack 云计算管理平台，通过用于 Quantum 的 REST API 和 OpenStack 结合，进行网络的控制和管理；第 3 类是用户应用程序，通过经过 REST 或 RPC 的用户定义 API 对 Ryu SDN 框架进行网络的控制和管理。Ryu SDN 框架是 Ryu 框架层，主要包含 REST、拓扑发现、防火墙等组件，主要用于 SDN 控制器的核心功能实现，包含流表下发、拓扑发现等。OpenFlow 交换机主要包含支持 OpenFlow 协议的交换机，包含软件交换机和硬件交换机，软件交换机包括 OVS 等，硬件交换机包括盛科 SDN 交换机等。

2. Ryu 的工作流程

Ryu 的工作流程如图 5-13 所示。

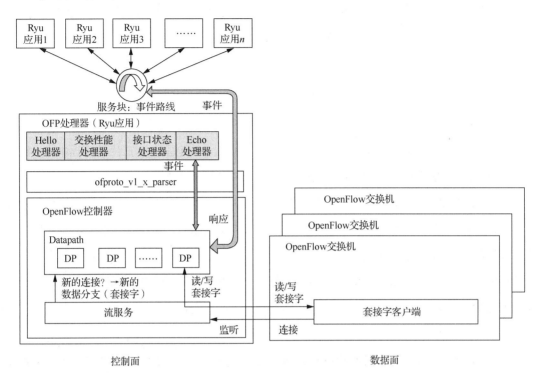

图 5-13　Ryu 的工作流程

对照图 5-13，Ryu 的工作流程的详细描述如下。

（1）Ryu 应用是上层应用，通过服务块（Python 中的字典结构）进行事件的分发和传递。

（2）服务块指通过 Ryu 应用注册到其中的响应事件，利用回调函数进行事件的路由，并分发任务。

（3）OFP 处理器是 Ryu 应用的一个基础的子类，该类主要完成 Hello 处理、交换性能处理、接口状态处理、Echo 处理等协商工作。

（4）OFP 处理器会实例化一个 OpenFlow 控制器的对象，该对象再由几个交换机相连即可实例化几个 Datapath 对象，一个 Datapath 对应一个 OpenFlow 交换机。

（5）Datapath 通过 Python 高并发框架 Eventlet 中的流服务创建套接字并与 OpenFlow 交换机进行通信。

3. Ryu 的主要功能组件

Ryu 的主要功能组件如图 5-14 所示，可以看出，Ryu 有多个主要功能组件，下面对这些主要功能组件分别进行介绍。

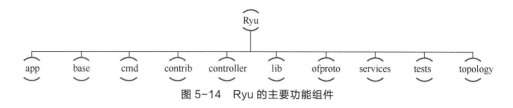

图 5-14　Ryu 的主要功能组件

（1）app。

app 表示 Ryu 的应用，它是 Ryu 的应用集合。

（2）base。

base 中有一个非常重要的文件——app_manager.py，其是 Ryu 应用的管理中心，用于加载 Ryu 应用，接收从 Ryu 应用发送过来的信息，并实现消息的路由。

base 的主要函数功能有 Ryu 应用的注册、注销、查找，并定义了 App 基类及其基本属性，包含 name、threads、events、event_handlers 和 observers 等成员，以及对应的许多基本函数，如 start()、stop()等。

base 中还定义了 AppManager 基类，用于管理 Ryu 应用。同时，其定义了加载 Ryu 应用等的函数。如果只是开发 Ryu 应用，则可以不必考虑此基类。

（3）controller。

controller 用于实现控制器和交换机之间的互连和事件处理。controller 中有许多非常重要的文件，如 events.py、ofp_handler.py、controller.py 等。其中，controller.py 中定义了 OpenFlow Controller 基类，用于定义 OpenFlow 的控制器、处理交换机和控制器的连接等事件，同时可以产生事件和路由事件。关于事件系统的定义可以查看 events.py 和 ofp_events.py。

ofp_handler.py 中定义了基本的 Handler，实现了基本的功能，如握手、错误信息处理和保活等。更多功能如 packet_in_handler 等，应该在 app 中定义。

dpset.py 中定义了交换机端的一些信息（如端口状态信息等），以及用于描述和操作交换机的方法（如添加端口、删除端口等）。

（4）cmd。

cmd 是入口函数，定义了 Ryu 的命令系统，用于为控制器的执行创建环境，以及接收和处理相关命令。

（5）contrib。

contrib 是第三方库，主要存放开源社区贡献者提供的代码。

（6）lib。

lib 用于实现和使用网络基本协议。lib 中定义了需要使用的基本数据结构，如 MAC 和 IP

等数据结构。lib/packet 目录下定义了许多网络协议，如 DHCP、MPLS 和 IGMP 等。而每一个数据包的类中都有 parser() 和 serialize() 两个函数，用于解析和序列化数据包。

（7）ofproto。

ofproto 目录中有两类文件：一类是协议的数据结构定义文件，另一类是协议解析文件，即数据包处理函数文件。例如，ofproto_v1_0.py 是 1.0 版本的 OpenFlow 协议的数据结构定义文件，而 ofproto_v1_0_parser.py 则定义了 1.0 版本的 OpenFlow 协议编码和解码。

（8）services。

services 用于实现边界网关协议（Border Gateway Protocol，BGP）和虚拟路由器冗余协议（Virtual Router Redundant Protocol，VRRP）。

（9）tests。

tests 中存放着单元测试及整合测试的代码。

（10）topology。

topology 是用于交换机和链路查询的组件，其中包含 switches.py 等文件，基本上定义了一套交换机的数据结构。event.py 定义了交换的事件，dumper.py 定义了获取网络拓扑的内容，api.py 向上提供了一套调用 topology 目录中定义函数的接口。

5.4　SDN 控制器的功能

从整个 SDN 的架构来看，控制器处在整个架构中极核心的部分，上面承接应用，下面承接网络硬件设备。本节主要介绍 SDN 控制器的三大功能，即北向功能、南向功能，以及东、西向功能。

5.4.1　北向功能

北向接口是 SDN 应用层与 SDN 控制层之间通信的依据。使用北向接口协议可以直接调用控制器实现网络功能。作为网络服务提供者，北向接口可在异构网络中提供自己的服务，无须根据细节来更改、删除自己的服务，从而节省了大量的时间，能将主要的精力运用到自身网络服务的实现上。

基于控制器的视角，面向应用的接口为北向接口，面向基础架构层的接口为南向接口。在 SDN 层次化控制器的场景下，控制器和控制器之间的接口也称为北向接口，如图 5-15 所示。

北向接口使业务应用能够便利地调用底层的网络资源和能力。通过北向接口，网络业务的开发者能以软件编程的形式调用各种网络资源；同时，上层的网络资源管理系统可以通过控制器的北向接口全局把控整个网络的资源状态，并对网络资源进行统一调度。因为北向接口是直接为业务应用服务的，所以其设计需要密切联系业务应用需求，需具有多样化的特征。此外，北向接口的设计是否合理、便捷，是否能被业务应用广泛调用，会直接影响到 SDN 控制器厂商的市场发展前景。

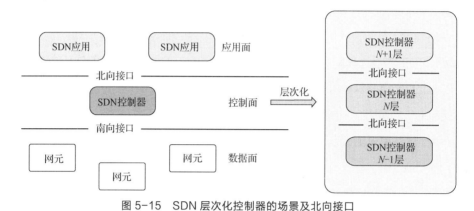

图 5-15　SDN 层次化控制器的场景及北向接口

5.4.2　南向功能

SDN 控制器必须要能很好地进行网络资源调度和控制，因此，SDN 的南向功能需要对整个网络中的设备层进行管控与调度，包括链路发现、拓扑管理、策略制定、表项下发等。其中，链路发现和拓扑管理主要是指 SDN 控制器利用南向接口的上行通道对底层交换设备上报的信息进行统一监控和统计；而策略制定和表项下发是指 SDN 控制器利用南向接口的下行通道对网络设备进行统一控制。

1. 链路发现和拓扑管理

链路发现技术是获得 SDN 全网信息的关键，是实现网络地址学习、VLAN、路由转发等网络功能的基础。与传统网络中的链路发现由各网元自主进行不同，SDN 中的链路发现由 SDN 控制器统一完成。

SDN 控制器主要使用 LLDP 作为链路发现协议，该协议提供了一种标准的链路发现方式，可以将本端设备的主要功能、管理地址、设备标识、接口标识等信息组织成不同的类型-长度-值（Type-Length-Value，TLV），将其封装在链路层发现协议数据单元（Link Layer Discovery Protocol Data Unit，LLDPDU）中并发布给与自己直连的"邻居"；"邻居"收到这些信息后，将其以管理信息库（Management Information Base，MIB）的形式保存起来，以供网络管理系统查询机判断链路的通信状况。

封装有 LLDPDU 的报文称为 LLDP 数据包，其中包含特定的组播、目的 MAC 地址，以及特定的以太网类型，用以将 LLDP 数据包与其他 MAC 数据帧进行区分。对于 OpenFlow 交换机而言，其上的基于流表项匹配进行转发的机制并不能直接处理常规的 LLDP 操作，因此相关的工作必须由控制器完成。

控制器在执行链路发现的过程中，会先通过一个 Packet-out 消息向所有与之连接的交换机发送 LLDP 数据包。该消息命令交换机将 LLDP 数据包发送给所有端口，一旦交换机接收到 Packet-out 消息，就会把 LLDP 数据包通过其所有的端口发送给与之连接的设备，如果其相邻的交换机是一台 OpenFlow 交换机，则该交换机将自行进行相应的流表查找操作。因为交换机中并没有专门的流表项用于处理 LLDP 数据包，所以它将通过一个 Packet-in 消息将 LLDP 数据包发送给控制器。而控制器在收到 Packet-in 消息后，会对 LLDP 数据包进行分析并在其保存的链路发现表中创建两台交换机之间的连接记录。网络中其他交换机也采用相同的方式向控制器发送 Packet-in 消息，因此控制器能够创建完整的网络拓扑视图。基于这样的网络拓扑视图，控制器可以根据业务应用的流量需求，为每台交换机下发不同的流表项。

基于 LLDP 数据包的方法能智能地对与控制器直连的 OpenFlow 交换机进行链路发现，如果网络中存在非 OpenFlow 域，即两台 OpenFlow 交换机通过其他多台非 OpenFlow 交换机连接，则需要使用其他的链路发现手段。在这种情况下，控制器还是会先发送 Packet-out 消息给与之相连的 OpenFlow 交换机，但同时控制器会要求交换机发出广播包，广播包将被发往除交换机和与控制器相连的端口之外的其他端口。广播包从OpenFlow交换机发出后，如果网络中存在非 OpenFlow 域，则广播包将从这个域的一端进入并穿越，到达与该非OpenFlow域连接的其他 OpenFlow 交换机。因为在接收到广播包的 OpenFlow 交换机中并没有对应的流表项可供广播包匹配，所以该广播包将被上传到控制器，从而告知控制器网络中存在非 OpenFlow 域。而如果控制器并没有收到上传的广播包，则可以判断出整个网络都由 OpenFlow 交换机组成。

拓扑管理的作用是随时监控和采集网络中 SDN 交换机的信息，及时反馈网络的设备工作状态和链路连接状态。为了实现这一目标，控制器需要定时发送 LLDP 数据包的 Packet-out 消息给与其相连的 SDN 交换机，并根据反馈回来的 Packet-in 消息获知 SDN 交换机的信息，在监测 SDN 交换机工作状态的同时完成网络拓扑视图的更新。但值得注意的是，当 SDN 规模较大时，这种拓扑管理机制会导致较慢的收敛速度，从而影响网络状态的实时反馈。同时，该机制将导致包含 LLDP 数据包的 Packet-out 消息发送的周期设置更复杂。

拓扑管理还有一项工作：在随时更新 SDN 交换机及链接状态的同时，对各种逻辑组网信息进行记录。其中典型的场景就是云计算下的多用户共享网络资源。在多用户情况下，网络资源被虚拟化为资源池，每个用户都可以按照自己的实际需求获得设备、端口、带宽等资源，同时可以根据自身需求对其所有的资源进行灵活组网。这些与用户网络相关的资源信息都需要在拓扑管理中予以保存和展现，以反映真实的网络利用情况，实现资源调度的优化。同时，基于不同用户网络的拓扑信息，SDN 控制器可以为相应的网络数据通路设定访问控制列表、QoS等，支持用户网络在性能、安全等方面的彼此隔离，提供更好的用户体验。

2. 策略制定和流表项下发

流表是 SDN 交换机进行数据包处理的基本依据，其直接影响数据包转发的效率和整个网络的性能。流表由集中化的控制器基于全网拓扑视图生成并统一下发给数据流传输路径上的所有 SDN 交换机，因此流表的生成算法成了影响控制器智能化水平的关键因素。

SDN 交换机的流表机制打破了传统网络中的层次化概念，无论是源 MAC 地址、目的 MAC 地址、VLAN ID 等传统的 2 层网络信息，还是源 IP 地址、目的 IP 地址等 3 层网络信息，或者是源 TCP/UDP 端口号、目的 TCP/UDP 端口号等 4 层网络信息，都被统一封装在流表中。因此，控制器需要针对不同层的网络传输需求，制定相应的转发策略并生成对应流表下发给交换机。

对于 2 层转发，在 SDN 中，MAC 地址学习在控制器的链路发现过程中实现。根据 2 层网络信息进行数据包转发也比较容易实现，只需控制器以目的 MAC 地址为依据将对应的交换机转发端口号写入对应的交换机流表项即可。

对于 3 层转发，在 SDN 中，控制器利用相关的路由算法计算出源和目的 IP 地址之间的路由信息，并以 IP 地址、MAC 地址为依据，将对应的交换机转发端口号写入对应交换机的流表项。

对于 4 层转发，在 SDN 中，4 层数据包解析将在控制器中完成，并以 TCP/UDP 端口号、IP 地址、MAC 地址为依据，将对应的交换机转发端口号写入对应交换机的流表项。

和传统网络一样，SDN 控制器可以有效处理不同层次上的数据转发，可以在制定流表时，利用各个网络层次上的规则和算法，减少流表数量。不同的是，传统网络在各个设备的本地进行相关算法的执行，通常只能根据设备自身所掌握的局部连接情况制定数据处理决策；而 SDN 具有集中化管控的优势，控制器拥有全局的网络资源视图，因此更容易获得优化的算法执行结果。但这样做也会产生一些问题，例如，在 SDN 系统中，所有数据流的转发过程都需要经过控制器进行决策，从而为控制器带来了繁重的压力。

控制器对 SDN 交换机设备的控制是通过流表下发机制进行的，SDN 控制器的流表下发有主动和被动两种模式。主动模式是指在数据包到达 OpenFlow 交换机之前进行流表设置，因此当多个数据包到达 OpenFlow 交换机后，OpenFlow 交换机即知道如何处理数据包。这种方式有效消除了单位时间（每秒）内能处理的数据量的限制，理想情况下，控制器需要尽可能地预扩散流表项。被动模式是指多个数据包到达 OpenFlow 交换机时并没有发现与之匹配的流表项，只能将其送给控制器进行处理。一旦控制器确定了相应的方式，相关的信息就会被返回并缓存在 OpenFlow 交换机中，同时控制器将确定这些缓存信息的保存时限。

不同的流表下发模式具有不同的特点。主动模式的流表下发能利用预先设定好的规则，避免每次针对各个数据流的流表项进行设置，但考虑到数据流的多样性，为了保证每个数据流都被转发，流表项的管理工作变得复杂，如需要合理设置通配符以满足转发需求等。被动模式的流表下发能更有效地利用交换机中的流表存储资源，但在处理过程中会增加额外的流表设置时间，且一旦控制器和交换机之间的连接断开，交换机将不能对后续的数据流进行转发处理。

5.4.3　东、西向功能

在开放了南、北向接口以后，SDN 发展中面临的一个问题就是控制面的扩展性问题，即多个设备的控制面之间如何协同工作，这涉及 SDN 中控制面的东、西向接口的定义。如果没有定义东、西向接口，那么 SDN 只是一种数据设备内部的优化技术，不同 SDN 设备之间仍要还原为 IP 路由协议进行互连，其对网络架构创新的影响力十分有限。如果能够定义标准的控制面的东、西向接口，则可以实现 SDN 设备组网，使 SDN 成为一种有"革命性"影响的网络架构。关于 SDN 控制面性能拓展方案，目前的设计方案有两种：一种是垂直架构的，另一种是水平架构的。垂直架构的实现方案是在多个控制器之上再叠加一层高级控制层，用于协调多个异构控制器之间的通信，从而完成跨控制器的通信请求；在水平架构形式的多域组网方案中，域控制平面之间的关系是对等的，所有的节点都在同一层级，它们的身份也相同，没有级别之分。

本章小结

本章详细介绍了 SDN 控制器，包括 SDN 控制器的定义和体系结构、SDN 控制器的控制方式、SDN 控制器的 3 种类型，并对 SDN 控制器的功能进行了讲解。本章从多个方面对 SDN 控制器进行介绍，有利于读者对 SDN 控制器进行深入理解，为后续的学习打下基础。

习题

1. 简述 SDN 控制器的定义。

2. SDN 控制器分为哪几种类型？

3. 分布式控制器一般可采用哪两种方式进行扩展？简要阐述这两种方式。

4. OpenDaylight 控制器具有哪些功能？

5. OpenDaylight 的总体框架分为几层？说明每一层的作用和功能。

6. SDN 控制器的北向接口的功能是什么？

第6章
Mininet的应用实践

06

【学习目标】

- 了解Mininet的定义与功能
- 掌握Mininet的架构
- 掌握Mininet的安装过程
- 掌握Mininet的应用

基于 Mininet 的 SDN 平台可以轻易地在 PC 上仿真验证 SDN，对基于 OpenFlow 和 OVS 的各种协议进行开发验证，且所有代码都可以无缝迁移到真实的硬件环境中。

6.1 Mininet 简介

对于 Mininet，本节主要从 Mininet 的定义和 Mininet 的功能这两个方面进行介绍。

6.1.1 Mininet 的定义

Mininet 是由一些虚拟的终端节点、交换机、路由器连接而成的一个网络仿真器，它采用轻量级的虚拟化技术使系统可以和真实网络相媲美。

Mininet 可以很方便地创建一个支持 SDN 的仿真网络。在这个网络中，主机就像真实的计算机一样工作，可以使用安全外壳（Secure Shell，SSH）协议登录，启动应用程序，应用程序可以向以太网端口发送数据包，数据包会被交换机、路由器接收并处理。有了这个网络，就可以灵活地为网络添加新的功能并进行相关测试，再将其轻松地部署到真实的硬件环境中。

6.1.2　Mininet 的功能

Mininet 的功能主要表现在如下方面。

（1）可以简单、迅速地创建一个支持用户自定义的网络拓扑，缩短开发、测试的周期。

（2）可以运行真实的程序，在 Linux 中运行的程序基本都可以在 Mininet 上运行，如 Wireshark。

（3）Mininet 支持 OpenFlow，在 Mininet 上运行的代码可以轻松移植到支持 OpenFlow 的硬件设备上。

（4）Mininet 可以在自己的计算机、服务器、虚拟机、云（如 Amazon EC2）上运行。

（5）Mininet 提供 Python API，简单、易用。

6.2　Mininet 的架构

Mininet 是基于 Linux Container 这一内核虚拟化技术开发的进程虚拟化平台，因此其实现进程虚拟化主要会用到 Linux 内核的命名空间机制。Linux 从 2.6.27 版本开始支持命名空间机制，可以实现进程级的虚拟化。

正是因为 Linux 内核支持这种命名空间机制，所以可以在 Linux 内核中创建虚拟主机和定制拓扑，这也是 Mininet 可以在计算机上创建支持 OpenFlow 协议的 SDN 的关键所在。

基于上述命名空间机制，Mininet 架构按数据通道的运行权限，将其分为内核数据通道（Kernel Datapath）和用户空间数据通道（Userspace Datapath）两种。其中，Kernel Datapath 将分组转发的逻辑编译进 Linux 内核，效率非常高；Userspace Datapath 将分组转发的逻辑实现为一个进程，叫作 ofdatapath，效率不及 Kernel Datapath，但更为灵活，也更容易重新编译。

Mininet 的 Kernel Datapath 架构如图 6-1 所示。该架构中，控制器和交换机的网络接口都在 root 命名空间中，每个主机都在自己独立的命名空间中，这表明每个主机在自己的命名空间中都会有独立的虚拟网卡 eth0。控制器就是一个用户进程，它会使用回送（loopback）上预留的 6633 端口监听来自交换机安全通道的连接。每个交换机对应几个网络接口，如 s0-eth0、s0-eth1，以及一个 ofprotocol 进程，它负责管理和维护同一控制器之间的安全通道。

Mininet 的 Userspace Datapath 架构如图 6-2 所示，与 Kernel Datapath 架构不同，该架构中网络的每个节点都拥有独立的命名空间。因为分组转发的逻辑实现于用户空间，所以多出了一个名为 ofdatapath 的进程。另外，Mininet 除了支持 Kernel Datapath 和 Userspace Datapath 两种架构以外，还支持 OVS。OVS 充分利用了内核的高效处理功能，它的性能和 Kernel Datapath 的相差无几。

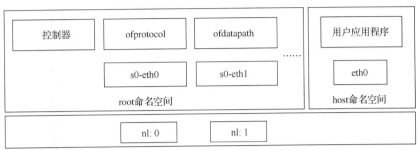

图 6-1　Mininet 的 Kernel Datapath 架构

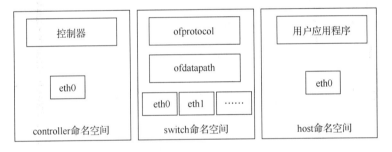

图 6-2　Mininet 的 Userspace Datapath 架构

Mininet 相关实现的主代码目录中包括若干 PY 源文件，主要源文件如下。

（1）__init__.py：Python 代码导入控制文件。

（2）clean.py：提供两个函数，其中 sh(cmd)用于调用 Shell 来执行命令，cleanup()用于清理残余进程或临时文件。

（3）cli.py：定义 CLI 类，在 mn 运行后提供简单的命令行接口，用于解析用户输入的各项命令。

（4）log.py：实现日志记录等功能，定义 3 个类，即 MininetLogger、Singleton 和 StreamHandlerNoNewLine。

（5）moduledeps.py：模块依赖相关处理，定义 5 个函数，即 lsmod()、rmmod(mod)、modprobe(mod)、moduleDeps(subtract=None, add=None)、pathCheck(*args,**kwargs)。

（6）net.py：mn 网络平台的主类，用于实现节点管理、基本测试等功能。

（7）node.py：实现网络节点功能的几个类，包括主机、交换机、控制器等。各个类的集成关系如图 6-3 所示。

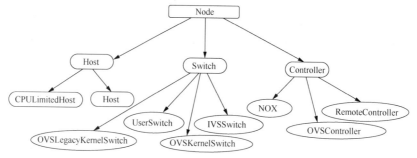

图 6-3　各个类的集成关系

其中，主要类的功能如下。

（1）Host：等同于 Node。

（2）OVSKernelSwitch：内核空间的交换机，仅能在 root 命名空间中执行。

（3）OVSLegacyKernelSwitch：内核兼容模式交换机，仅能在 root 命名空间中执行。

（4）UserSwitch：用户空间的交换机。

（5）OVSKernelSwitch：OVS 的内核空间交换机，仅能在 root 命名空间中执行。

（6）NOX：NOX 控制器。

（7）RemoteController：Mininet 之外的控制器，通过指定 IP 地址等进行连接。

6.3　Mininet 的安装和基本操作

Mininet 可以很方便地在 PC 上创建虚拟网络，是试验 SDN 和 OpenFlow 的绝佳工具，下面对 Mininet 的安装和基本操作进行介绍。

6.3.1　Mininet 的安装

Mininet 的安装步骤如下。

1. 升级系统

对系统进行升级，命令如下。

```
1.    #apt-get update
2.    #apt-get upgrade
```

这里需要注意的是，执行 apt-get upgrade 命令可能会出现"The following packages have been kept back"问题，如图 6-4 所示，从而导致系统无法进行正常升级。这是因为有一部分软件包的安装版比发布（release）版更新，解决方法是执行 apt-get -u dist-upgrade 命令统一更新到发布的版本。这条命令会强制更新软件包到最新发布版本，并自动补充缺少的依赖包。另外，还可能会出现"dpkg: error processing package bluez (--configure); dpkg: dependency problems prevent configuration of bluez-alsa:i386:..."等一系列错误，在这种情况下，可执行以下命令来解决问题。

```
1.  # mv /var/lib/dpkg/info/ /var/lib/dpkg/info_old/
2.  # mkdir /var/lib/dpkg/info/
3.  # apt-get update
4.  # apt-get -f install
5.  # mv /var/lib/dpkg/info/* /var/lib/dpkg/info_old/
6.  # rm -rf /var/lib/dpkg/info
7.  # mv /var/lib/dpkg/info_old/ /var/lib/dpkg/info/
```

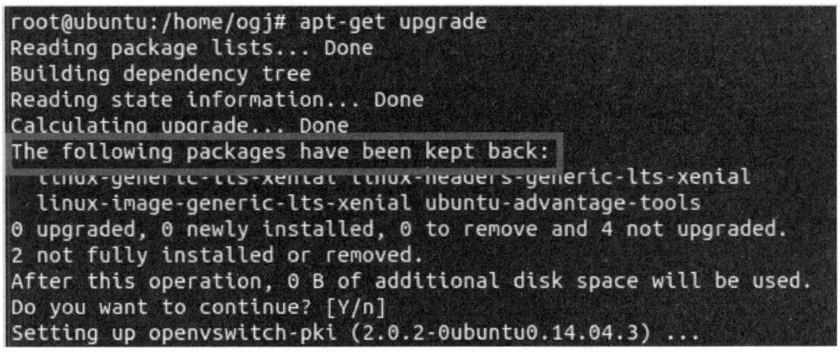

图 6-4　执行 apt-get upgrade 命令可能会出现的问题

2. 安装 Git

```
1.  #apt install git
```

3. 从 GitHub 上获取源码

```
1.  #git clone git://github.com/mininet/mininet
```

获取的源码如图 6-5 所示。

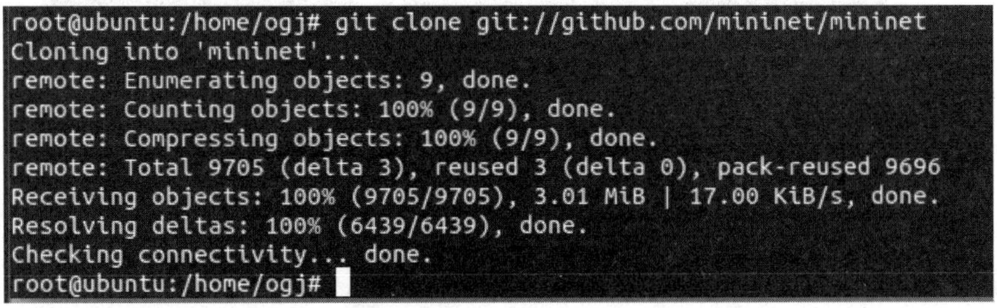

图 6-5　获取的源码

4. 查看获取的 Mininet 的版本

```
1.  #cd mininet
2.  #cat INSTALL
```

其运行结果如图 6-6 所示。

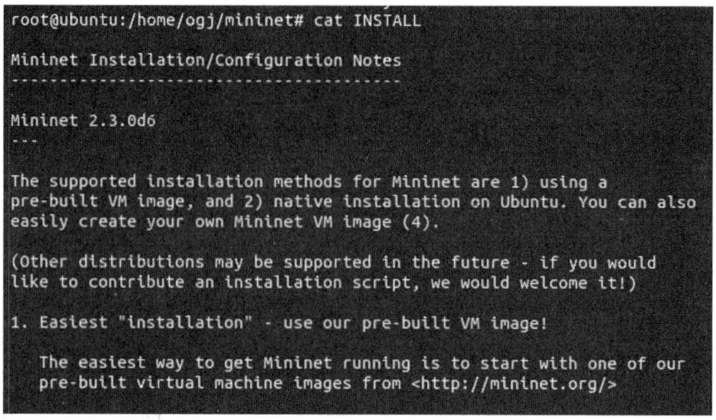

图 6-6　运行结果

5. 安装 Mininet

1.　#util/install.sh –a

这里需要注意的是，之前安装 OVS 时可能使系统中存在 openflow 文件夹，在这种情况下执行 util/install.sh –a 命令可能会出现问题，如图 6-7 所示。对于这个问题，可执行 rm –rf 命令先删除 openflow 文件夹，再执行 util/install.sh –a 命令。另外，如果提示还有其他的文件夹，如 pox 文件夹，也会导致安装出现问题，需要先把这些文件夹删除再安装 Mininet。

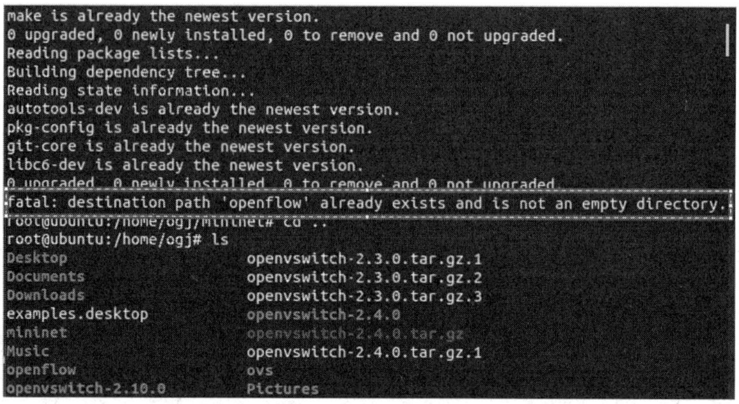

图 6-7　执行 util/install.sh –a 命令可能会出现的问题

在执行 util/install.sh –a 命令进行安装时还可能会出现图 6-8 所示的问题。在这种情况下，可执行 apt-get install mininet 命令来进行安装。

图 6-8　执行 util/install.sh –a 命令可能会出现的另一个问题

当出现图 6-9 所示的结果时，若看到"Enjoy Mininet!"，则表示 Mininet 安装正确。

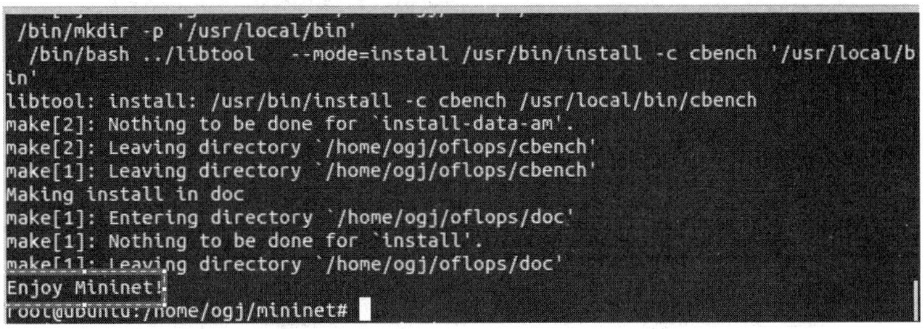

图 6-9　Mininet 安装正确

6. 查看安装版本

1.　#mn --version

执行以上命令，Mininet 安装版本如图 6-10 所示。

图 6-10　Mininet 安装版本

7. 测试

1.　#mn --test pingall

执行以上命令，若结果如图 6-11 所示，则表示 Mininet 安装成功；或者执行 mn 命令，若结果如图 6-12 所示，也表示 Mininet 安装成功。

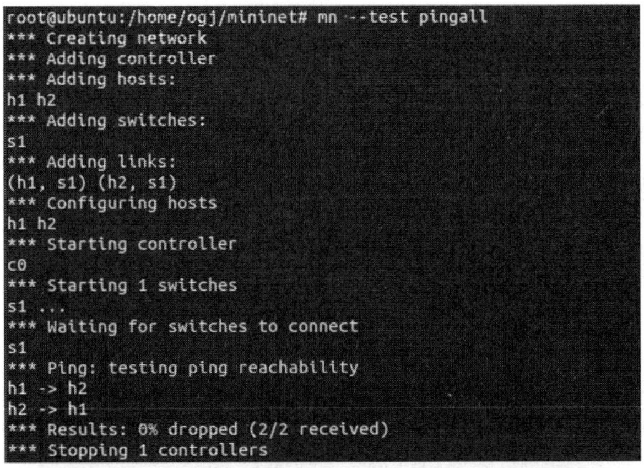

图 6-11　执行 mn --test pingall 命令的结果

1.　#mn

要想执行 mn 命令后结果中出现"mininet>"，则必须先启动 OVS，启动 OVS 的步骤参见第 4 章；若没有启动 OVS，则执行 mn 命令后会出现图 6-13 所示的结果。要特别注意方框中的提示，从图 6-13 中可以看出，若没有启动 OVS，则结果中不会出现"mininet>"。

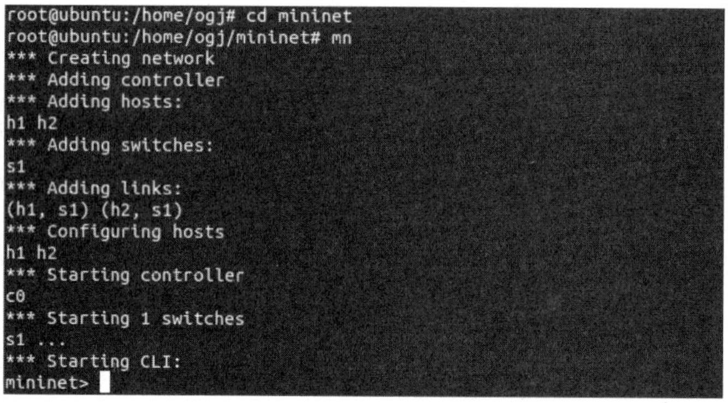

```
root@ubuntu:/home/ogj# cd mininet
root@ubuntu:/home/ogj/mininet# mn
*** Creating network
*** Adding controller
*** Adding hosts:
h1 h2
*** Adding switches:
s1
*** Adding links:
(h1, s1) (h2, s1)
*** Configuring hosts
h1 h2
*** Starting controller
c0
*** Starting 1 switches
s1 ...
*** Starting CLI:
mininet>
```

图 6-12　执行 mn 命令的结果

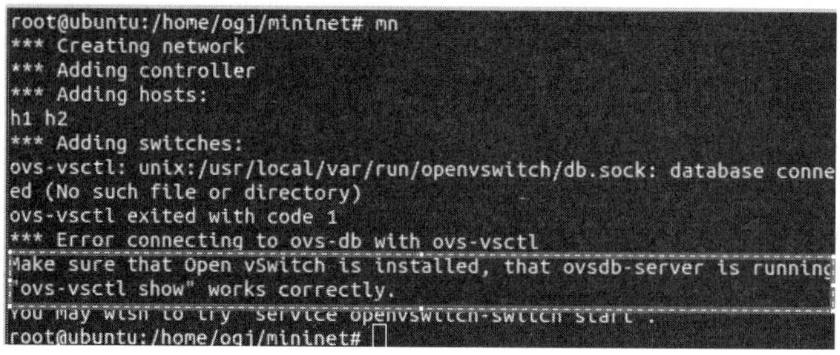

```
root@ubuntu:/home/ogj/mininet# mn
*** Creating network
*** Adding controller
*** Adding hosts:
h1 h2
*** Adding switches:
ovs-vsctl: unix:/usr/local/var/run/openvswitch/db.sock: database conne
ed (No such file or directory)
ovs-vsctl exited with code 1
*** Error connecting to ovs-db with ovs-vsctl
Make sure that Open vSwitch is installed, that ovsdb-server is running
"ovs-vsctl show" works correctly.
You may wish to try "service openvswitch-switch start".
root@ubuntu:/home/ogj/mininet#
```

图 6-13　没有启动 OVS 时，执行 mn 命令后的结果

6.3.2　Mininet 的基本操作

1. 创建网络

执行 mn 命令即可创建一个简单的网络，创建完成后，命令行开头变为“mininet>”。

2. 查看节点信息

```
1.    mininet>nodes
```

查看节点信息的结果如图 6-14 所示。

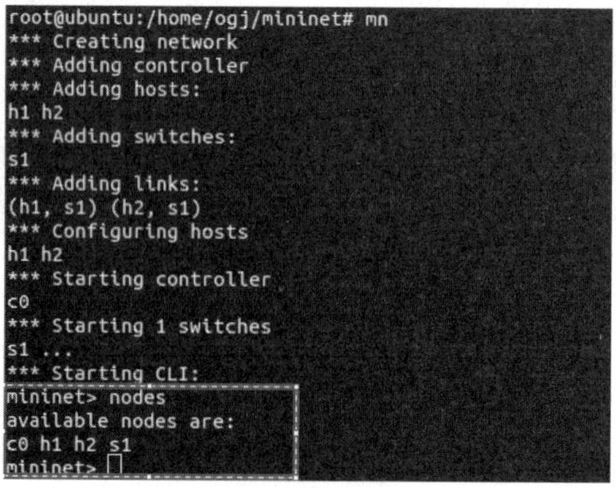

```
root@ubuntu:/home/ogj/mininet# mn
*** Creating network
*** Adding controller
*** Adding hosts:
h1 h2
*** Adding switches:
s1
*** Adding links:
(h1, s1) (h2, s1)
*** Configuring hosts
h1 h2
*** Starting controller
c0
*** Starting 1 switches
s1 ...
*** Starting CLI:
mininet> nodes
available nodes are:
c0 h1 h2 s1
mininet>
```

图 6-14　查看节点信息的结果

3. 查看链路

1.　mininet>net

查看链路的结果如图 6-15 所示。

```
mininet> net
h1 h1-eth0:s1-eth1
h2 h2-eth0:s1-eth2
s1 lo:   s1-eth1:h1-eth0 s1-eth2:h2-eth0
c0
mininet>
```

图 6-15　查看链路的结果

4. 输出各节点信息

1.　mininet>dump

输出的各节点的信息如图 6-16 所示。

```
mininet> dump
<Host h1: h1-eth0:10.0.0.1 pid=3316>
<Host h2: h2-eth0:10.0.0.2 pid=3319>
<OVSSwitch s1: lo:127.0.0.1,s1-eth1:None,s1-eth2:None pid=3324>
<Controller c0: 127.0.0.1:6653 pid=3309>
mininet>
```

图 6-16　输出的各节点的信息

5. 输出仿真主机信息

1.　mininet>h2 ifconfig

输出的仿真主机信息如图 6-17 所示。

```
mininet> h2 ifconfig
h2-eth0   Link encap:Ethernet  HWaddr c2:24:4b:be:92:24
          inet addr:10.0.0.2  Bcast:10.255.255.255  Mask:255.0.0.0
          inet6 addr: fe80::c024:4bff:febe:9224/64 Scope:Link
          UP BROADCAST RUNNING MULTICAST  MTU:1500  Metric:1
          RX packets:383 errors:0 dropped:0 overruns:0 frame:0
          TX packets:8 errors:0 dropped:0 overruns:0 carrier:0
          collisions:0 txqueuelen:1000
          RX bytes:72842 (72.8 KB)  TX bytes:648 (648.0 B)

lo        Link encap:Local Loopback
          inet addr:127.0.0.1  Mask:255.0.0.0
          inet6 addr: ::1/128 Scope:Host
          UP LOOPBACK RUNNING  MTU:65536  Metric:1
          RX packets:0 errors:0 dropped:0 overruns:0 frame:0
          TX packets:0 errors:0 dropped:0 overruns:0 carrier:0
          collisions:0 txqueuelen:1
          RX bytes:0 (0.0 B)  TX bytes:0 (0.0 B)
mininet>
```

图 6-17　输出的仿真主机信息

6. 节点连通性测试

1.　mininet>h2 ping -c 3 h1

节点连通性测试结果如图 6-18 所示。

```
mininet> h2 ping -c 3 h1
PING 10.0.0.1 (10.0.0.1) 56(84) bytes of data.
64 bytes from 10.0.0.1: icmp_seq=1 ttl=64 time=13.0 ms
64 bytes from 10.0.0.1: icmp_seq=2 ttl=64 time=0.566 ms
64 bytes from 10.0.0.1: icmp_seq=3 ttl=64 time=0.094 ms

--- 10.0.0.1 ping statistics ---
3 packets transmitted, 3 received, 0% packet loss, time 2003ms
rtt min/avg/max/mdev = 0.094/4.580/13.082/6.014 ms
mininet>
```

图 6-18　节点连通性测试结果

7. 全网连通性测试

1.　　mininet>pingall

全网连通性测试结果如图 6-19 所示。

```
mininet> pingall
*** Ping: testing ping reachability
h1 -> h2
h2 -> h1
*** Results: 0% dropped (2/2 received)
mininet>
```

图 6-19　全网连通性测试结果

8. 调出终端

1.　　mininet>xterm h1 h2

执行以上命令，调出仿真主机的终端，如图 6-20 所示。

```
64 bytes from 10.0.0.1: icmp_sec
64 bytes from 10.0.0.1: icmp_sec     "Node: h2"
                                 root@ubuntu:/home/ogj/mininet#
--- 10.0.0.1 ping statistics --
3 packets transmitted, 3 receive
rtt min/avg/max/mdev = 0.094/4.     "Node: h1"
mininet> Pingall
*** Unknown command: Pingall    root@ubuntu:/home/ogj/mininet#
mininet> pingall
*** Ping: testing ping reachabil
h1 -> h2
h2 -> h1
*** Results: 0% dropped (2/2 re
mininet> xterm h1 h2
```

图 6-20　调出仿真主机的终端

9. Mininet 可视化操作

启动可视化界面，进入目录 mininet/mininet/examples，执行如下命令。

1.　　#cd mininet/mininet/examples
2.　　#./miniedit.py

启动的可视化界面如图 6-21 所示。

10. 运行回归测试

1.　　mininet>pingpair

执行以上命令会创建一个最小拓扑，启动 OpenFlow 参考控制器，运行 ping 测试，并拆除拓扑和控制器。

图 6-21　启动的可视化界面

11. iperf 测试

```
1.   # mn --test ipe
```

执行以上命令会创建相同的 Mininet，在第一台主机上运行 iperf 服务器，在第二台主机上运行 iperf 客户端，并解析实现的带宽。

12. 更改拓扑大小和类型

默认拓扑是连接到两台主机的单台交换机，可以将其更改为不同的拓扑，并为该拓扑的创建传递参数。例如，要验证与 1 台交换机和 3 台主机连接，需要运行回归测试，执行如下命令。

```
1.   #mn --test pingall --topo single,3
```

对于线性拓扑结构（每台交换机有一台主机，所有交换机连接成一条线），执行如下命令。

```
1.   #mn --test pingall --topo linear,4
```

13. Python 解释器

如果 Mininet 命令行中的第一个"短语"是 py，那么该命令是使用 Python 执行的。这可能对扩展 Mininet 及探测其内部工作方式很有用。另外，每台主机、交换机和控制器都有一个关联的 Node 对象。Python 解释器的使用如下。

（1）在 Mininet CLI 中执行如下命令。

```
1.   mininet> py 'hello ' + 'world'
```

其运行结果如图 6-22 所示。

图 6-22　运行结果

（2）输出可访问的局部变量。

```
1.   mininet> py locals()
```

（3）使用 dir() 函数查看节点可用的方法和属性。

```
1.    mininet> py dir(s1)
```

（4）使用 help() 函数阅读节点上可用方法的在线文档。

```
1.    mininet> py help(h1) (Press "q" to quit reading the documentation.)
```

（5）评估变量的方法。

```
1.    mininet> py h1.IP()
```

6.4 Mininet 的应用实例

6.4.1 实例介绍

Mininet 是一款轻量级的进程虚拟化网络仿真工具，其重要特点就是几乎所有代码都可以无缝迁移到真实的硬件环境中，能够方便地为网络添加新的功能并进行相关测试。本节将对 Mininet 的应用实例进行详细讲解，有利于读者进一步了解 Mininet 的应用。

6.4.2 实例开发

1. 构建简单的 Mininet 路由实例

【实例要求】

使用 Mininet 构建一个简单的路由实例。

【实例拓扑】

实例拓扑结构如图 6-23 所示。

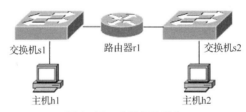

图 6-23　实例拓扑结构

【实例步骤及运行结果】

（1）定义代码。

Mininet 的拓扑定义代码如下。

```
1.    from mininet.topo import Topo
2.    class Router_Topo(Topo):
```

```
3.          def _init_ (self):
4.                "Create P2P topology."
5.                # 初始化拓扑
6.                Topo. _init_ (self)
7.                # 添加主机和交换机
8.                H1 = self.addHost('h1')
9.                H2 = self.addHost('r1')
10.               H3 = self.addHost('h2')
11.               S1 = self.addSwitch('s1')
12.               S2 = self.addSwitch('s2')
13.               # 添加链接
14.               self.addLink(h1, s1)
15.               self.addLink(r1, s1)
16.               self.addLink(r1, s2)
17.               self.addLink(h2, s2)
18.   topos = {
19.               'router': (lambda: Router_Topo())
20.   }
```

设置上面的拓扑定义代码的文件名为 Router.py，执行如下命令。

```
1.    #gedit Router.py
```

执行以上命令后，可对前面的代码进行编辑。

（2）生成网络拓扑。

```
1.    # mn --custom /home/ogj/mininet/Router.py --topo router
                 %/home/ogj/mininet/为 Router.py 文件所处的文件夹
2.    mininet> net
```

代码运行结果如图 6-24 所示。

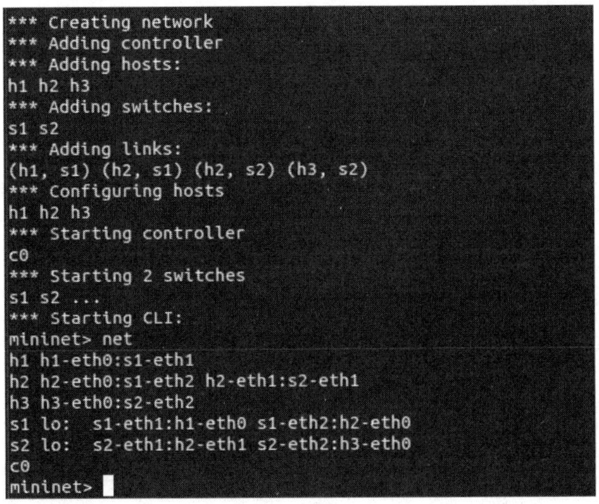

图 6-24　代码运行结果

（3）为节点配置路由功能。

```
1.    mininet> h1 ifconfig h1-eth0 192.168.12.1 netmask 255.255.255.0
```

2.   mininet> h2 ifconfig h2-eth0 192.168.12.2 netmask 255.255.255.0
3.   mininet> h2 ifconfig h2-eth1 192.168.23.2 netmask 255.255.255.0
4.   mininet> h3 ifconfig h3-eth0 192.168.23.3 netmask 255.255.255.0
5.   mininet> h1 route add default gw 192.168.12.2
6.   mininet> h3 route add default gw 192.168.23.2
7.   mininet> h2 sysctl net.ipv4.ip_forward=1

（4）测试 h1 与 h3 能否连通。

1.   mininet> h1 ping –c 1 192.168.23.3

连通性测试结果如图 6-25 所示。

```
mininet> h1 ping -c 1 192.168.23.3
PING 192.168.23.3 (192.168.23.3) 56(84) bytes of data.
64 bytes from 192.168.23.3: icmp_seq=1 ttl=63 time=50.6 ms

--- 192.168.23.3 ping statistics ---
1 packets transmitted, 1 received, 0% packet loss, time 0ms
rtt min/avg/max/mdev = 50.607/50.607/50.607/0.000 ms
mininet>
```

图 6-25　连通性测试结果

2. 3 个有用的 Mininet 配置实例

使用 Mininet 可以创建不同类型的网络拓扑结构，这里介绍 3 个比较流行的用于 SDN 测试的拓扑配置。

（1）单交换机。

执行如下命令，创建具有 1 台交换机，且交换机上连接 3 台主机的拓扑结构，如图 6-26 所示。每台主机都分配到静态 IP 地址和 MAC 地址。

1.   # mn --arp --topo single,3 --mac --switch ovsk --controller remote

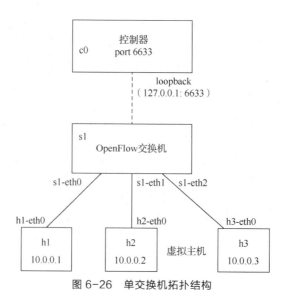

图 6-26　单交换机拓扑结构

以上命令中有几个重要的参数需要注意。

① --arp：为每台主机设置静态 ARP 表项，例如主机 1 中有主机 2 和主机 3 的 IP 地址及 MAC 地址的 ARP 表项，其他主机以此类推。

② --mac：自动设置 MAC 地址，MAC 地址的最后一个字节与 IP 地址的最后一个字节相同。

③ --switch：使用 OVS 的核心模式。

④ --controller：使用远程控制器，可以指定远程控制器的 IP 地址和端口号；如果不指定，则默认为 127.0.0.1 和 6633。

创建好拓扑结构后即可使用 ping 命令进行连通性测试。

```
mininet> h1 ping h2
```

注意 如果未指定控制器，则两台主机无法连通，如图 6-27 所示；如果指定了控制器，则两台主机能连通，如图 6-28 所示。

```
root@ubuntu:/home/ogj/mininet#  mn --arp --topo single,3 --mac --switch ovsk --c
ontroller remote
*** Creating network
*** Adding controller
Unable to contact the remote controller at 127.0.0.1:6653
Unable to contact the remote controller at 127.0.0.1:6633
Setting remote controller to 127.0.0.1:6653
*** Adding hosts:
h1 h2 h3
*** Adding switches:
s1
*** Adding links:
(h1, s1) (h2, s1) (h3, s1)
*** Configuring hosts
h1 h2 h3
*** Starting controller
c0
*** Starting 1 switches
s1 ...
*** Starting CLI:
mininet> h1 ping h2
PING 10.0.0.2 (10.0.0.2) 56(84) bytes of data.
```

图 6-27　未指定控制器时两台主机无法连通

```
mininet> h1 ping h2
PING 10.0.0.2 (10.0.0.2) 56(84) bytes of data.
64 bytes from 10.0.0.2: icmp_seq=1 ttl=64 time=0.485 ms
64 bytes from 10.0.0.2: icmp_seq=2 ttl=64 time=0.107 ms
64 bytes from 10.0.0.2: icmp_seq=3 ttl=64 time=0.081 ms
64 bytes from 10.0.0.2: icmp_seq=4 ttl=64 time=0.104 ms
64 bytes from 10.0.0.2: icmp_seq=5 ttl=64 time=0.102 ms
64 bytes from 10.0.0.2: icmp_seq=6 ttl=64 time=0.103 ms
64 bytes from 10.0.0.2: icmp_seq=7 ttl=64 time=0.103 ms
64 bytes from 10.0.0.2: icmp_seq=8 ttl=64 time=0.041 ms
64 bytes from 10.0.0.2: icmp_seq=9 ttl=64 time=0.062 ms
```

图 6-28　指定控制器时两台主机能连通

（2）两台线性连接的交换机。

执行如下命令，创建具有两台交换机，每台交换机各连接一台主机，且交换机之间互连的
拓扑结构，如图 6-29 所示。

1. # mn --topo linear --switch ovsk --controller remote

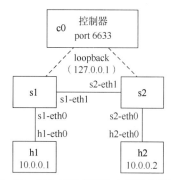

图 6-29　两台线性连接的交换机拓扑结构

（3）负载均衡器。

执行如下命令，创建具有 1 台交换机，且交换机上连接 3 个服务器和 1 个客户端的拓扑结
构，如图 6-30 所示。控制器充当负载均衡器，当客户端向服务器发送请求时，由控制器控制
客户端真正访问的服务器。

1. # mn --arp --topo single,4 --mac --switch ovsk --controller remote

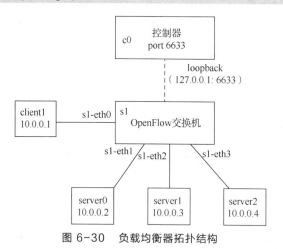

图 6-30　负载均衡器拓扑结构

这里需要注意以下内容。

虚拟 IP/MAC 地址：为负载均衡器选择一个虚拟 IP 地址和 MAC 地址。这个虚拟 IP 地址
是客户端需要发起 HTTP 请求时的目的 IP 地址。控制器向交换机下发规则，重写客户端的目
的 IP 地址，以指定具体访问哪一个网络服务器。为了达到这个目的，需要在客户端上为虚拟
IP 地址设置 ARP 表项，如果 h1 充当客户端，则 10.0.0.5 是虚拟 IP 地址。以下命令用于在

h1 上添加静态 ARP 表项。

1.　mininet> h1 arp -s 10.0.0.5 00:00:00:00:00:05

服务器的配置：--arp 参数非常重要，用于为每台主机设置静态 ARP 表项。除此之外，还需要在 Mininet 中执行如下命令，以启动 HTTPServer。

1.　mininet> h2 python -m CGIHTTPServer &
2.　mininet> h3 python -m CGIHTTPServer &
3.　mininet> h4 python -m CGIHTTPServer &
4.　mininet> pingall

客户端发起 HTTP 请求的命令如下。

1.　mininet> h1 curl http://10.0.0.5:8000/cgi-bin/serverip.cgi

6.4.3　实例的可视化应用

此实例通过介绍 Mininet 学习其可视化操作，可直接在界面中编辑任意想要的网络拓扑结构，生成 Python 自定义拓扑脚本，操作简单、方便。

【实例要求】

在实例操作过程中，可以了解以下知识。

① MiniEdit 的启动方式。

② 可视化地创建网络拓扑结构，设置设备信息。

③ 生成拓扑脚本。

对于 MiniEdit 的启动方式，在~/mininet/mininet/examples 目录下提供了 miniedit.py 脚本，执行脚本后将进入 Mininet 的可视化界面，即 MiniEdit，在界面中可创建网络拓扑结构并进行自定义设置。

此实例需要两台虚拟机，分别安装 OpenDaylight 和 Mininet（对于 Mininet 的可视化界面，需使用 Mininet 2.3.0 以上的版本，如图 6-31 所示）。

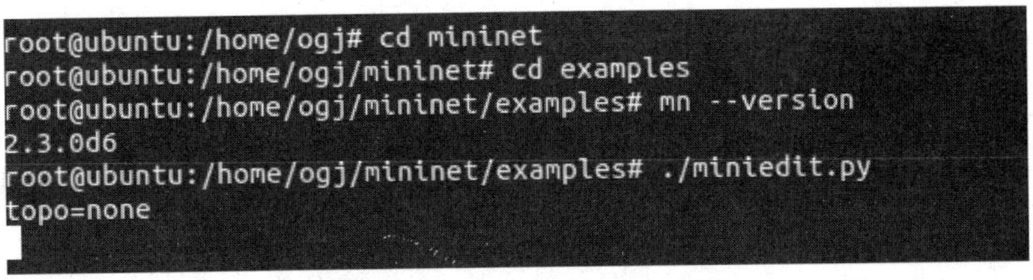

图 6-31　需使用的 Mininet 版本

【实例步骤及运行结果】

（1）启动 Mininet 可视化界面，如图 6-32 所示。

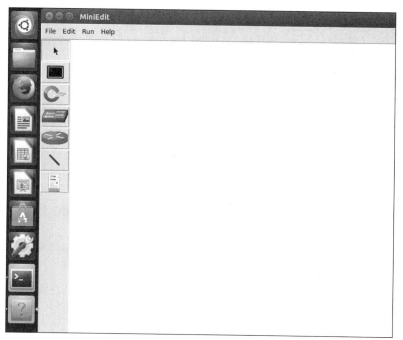

图 6-32　Mininet 可视化界面

（2）选择界面左侧对应的网络组件，在空白区域中单击即可添加网络组件，如图 6-33 所示。其中，h1、h2、h3 表示主机，s1、s2 表示交换机，c0 表示控制器。

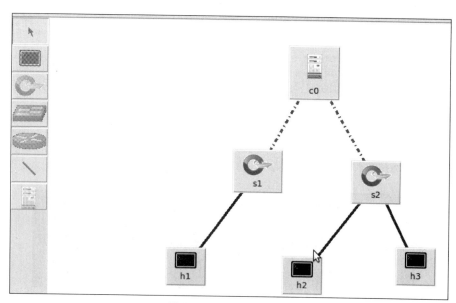

图 6-33　添加网络组件

（3）在主机、交换机、控制器上右击，在弹出的快捷菜单中选择"Properties"选项，即可设置其属性。例如，设置控制器的属性如图 6-34 所示。

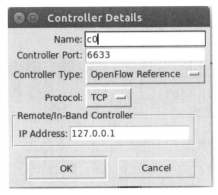

图 6-34　控制器的属性

（4）单击 MiniEdit 界面左上角的"Run"按钮，可得到控制器的属性信息，如图 6-35 所示。

```
New controller details for c0 = {'remotePort': 6633, 'controllerProtocol': 'tcp'
, 'hostname': 'c0', 'remoteIP': '127.0.0.1', 'controllerType': 'ref'}
```

图 6-35　控制器的属性信息

也可以通过"Controller Type"选择远程控制器（如选择已创建的 OpenDaylight 控制器）进行试验，填写 IP 地址和正确的控制器监听端口即可。

（5）在主机 h1 的属性中添加 h1 的 IP 地址，如图 6-36 所示。

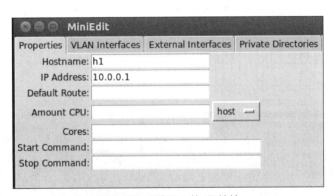

图 6-36　添加 h1 的 IP 地址

此时，命令行执行信息如图 6-37 所示。

```
New host details for h1 = {'ip': '10.0.0.1', 'nodeNum': 1, 'sched': 'host', 'hos
tname': 'h1'}
```

图 6-37　命令行执行信息

（6）选择"Edit"→"Preferences"选项，进入 Preferences 界面，勾选"Start CLI"
复选框，可以在命令行界面中直接对主机等进行操作，也可以选择交换机支持的 OpenFlow 协
议版本（可多选），如图 6-38 所示。

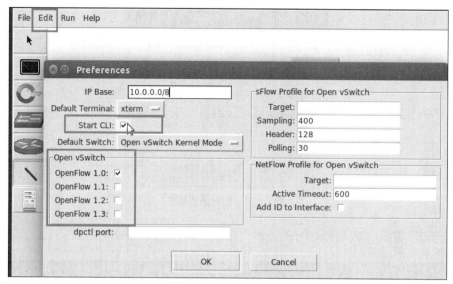

图 6-38　Preferences 界面

此时，命令行信息如图 6-39 所示。

```
Open vSwitch version is 2.0.2
New Prefs = {'ipBase': '10.0.0.0/8', 'sflow': {'sflowPolling': '30', 'sflowSampl
ing': '400', 'sflowHeader': '128', 'sflowTarget': ''}, 'terminalType': 'xterm',
'startCLI': '1', 'switchType': 'ovs', 'netflow': {'nflowAddId': '0', 'nflowTarge
t': '', 'nflowTimeout': '600'}, 'dpctl': '', 'openFlowVersions': {'ovsOf11': '1'
```

图 6-39　命令行信息

单击 MiniEdit 界面左上角的"Run"按钮，即可启动 Mininet，运行设置好的网络拓扑结构，命令行界面中显示运行的拓扑信息，如图 6-40 所示。

```
Build network based on our topology.
Getting Hosts and Switches.
<class 'mininet.node.Host'>
<class 'mininet.node.Host'>
Getting controller selection:ref
<class 'mininet.node.Host'>
Getting Links.
*** Configuring hosts
h1 h3 h2
**** Starting 1 controllers
c0
**** Starting 2 switches
s1 s2
No NetFlow targets specified.
No sFlow targets specified.
 ng i     preven        t from quitting ar  will prevent you from starting  e
network again during this sessoin.

*** Starting CLI:
mininet>
mininet>
```

图 6-40　运行的拓扑信息

使用 MiniEdit 设置好网络拓扑结构后，可以通过选择"File"→"Export Level 2 Script"选项，将文件保存为 Python 脚本，以后直接运行 Python 脚本即可重现网络拓扑结构，在命令行界面中直接进行操作。例如，在 MiniEdit 中创建的网络拓扑结构如图 6-41 所示，通过选择"File"→"Export Level 2 Script"选项，将文件保存为名为 ou1.py 的 Python 脚本，执行该脚本前要先更改文件权限为可执行文件，执行如下命令。

```
1.    # chmod –R 777  ./ou1.py
2.    # ./ou1.py
```

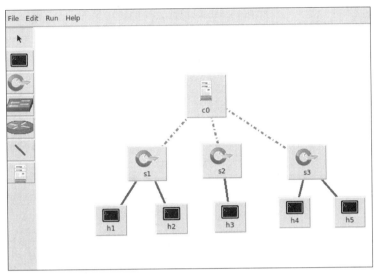

图 6-41　创建的网络拓扑结构

执行脚本的结果如图 6-42 所示。

```
root@ubuntu:/home/ogj/mininet/mininet/examples# chmod -R 777 ./ou1.py
root@ubuntu:/home/ogj/mininet/mininet/examples# ./ou1.py
*** Adding controller
*** Add switches
*** Add hosts
*** Add links
*** Starting network
*** Configuring hosts
h5 h2 h1 h3 h4
*** Starting controllers
*** Starting switches
*** Post configure switches and hosts
*** Starting CLI:
mininet>
```

图 6-42　执行脚本的结果

本章小结

本章详细介绍了 Mininet 的应用实践，包括 Mininet 的定义与功能、Mininet 的架构、Mininet 的安装过程及 Mininet 的应用实例，特别对 Mininet 的安装和基本操作进行了详细的阐述，有利于读者正确安装 Mininet。同时，对 Mininet 的应用实例进行了讲解，有利于读者深入理解 Mininet。

习题

1. Mininet 的功能是什么？

2. Mininet 的功能主要表现在哪些方面？

3. Mininet 的 Kernel Datapath 与 Userspace Datapath 的不同之处是什么？

4. Mininet 的主要特点是什么？

5. 如何确认 Mininet 已正确安装？

第7章
OpenDaylight的应用实践

07

【学习目标】

- 了解OpenDaylight的定义与功能
- 掌握OpenDaylight的架构
- 掌握OpenDaylight的安装过程
- 掌握OpenDaylight的应用

OpenDaylight 是一个高度可用、模块化、可扩展、支持多协议的控制器平台，可以作为 SDN 管理面管理多厂商异构的 SDN。它提供了一个模型驱动服务抽象层（MD-SAL），允许用户采用不同的南向接口协议在不同厂商的底层转发设备上部署网络应用。

7.1 OpenDaylight 简介

OpenDaylight 拥有一个模块化、可插拔的控制器平台作为核心，这个控制器平台基于 Java 开发，理论上可以运行在任何支持 Java 的平台上，其官方文档推荐的运行环境是 Linux（Ubuntu 12.04+）及 Java 虚拟机 1.7+。

OpenDaylight 采用了 OSGi 框架。OSGi 框架是面向 Java 的动态模型系统，它实现了一个优雅、完整和动态的组件模型，应用程序无须重新引导，就可实现远程安装、启动、升级和卸载，通过 OSGi 捆绑可以灵活地加载代码与实现功能，还能实现功能隔离，解决了功能模块可扩展的问题，同时方便了功能模块的加载与协同工作。

OpenDaylight 引入了 SAL。SAL 的北向连接功能模块以插件的形式提供底层设备服务；南向连接多种协议，屏蔽了不同协议的差异性，为上层功能模块提供了一致性服务，使得上层模块与下层模块之间的调用相互隔离。SAL 可自动适配底层不同设备，使开发者专注于业务应用的开发。

此外，OpenDaylight 采用了 Infinispan 技术。Infinispan 是一个具有高扩展性、高可靠性且能实现键值存储的分布式数据网格平台，OpenDaylight 选用 Infinispan 技术实现数据的存储、查找及监听，用开源网格平台实现控制器的集群。

OpenDaylight 的发展历程如下。

2013 年，Linux 基金会联合思科、瞻博网络和博通有限等多家网络设备厂商创立了开源项目 OpenDaylight，它的发起者和赞助商多为设备厂商而非运营商等网络设备消费者。OpenDaylight 的发展目标在于推出一个通用的 SDN 控制器平台、网络操作系统，从而管理不同的网络设备，正如 Linux 和 Windows 等操作系统可以在不同的底层设备上运行一样。OpenDaylight 支持多种南向接口协议，包括 OpenFlow 1.0、OpenFlow 1.3、OVSDB 和 NETCONF 等，是一个广义的 SDN 控制器平台，而不是仅支持 OpenFlow 的狭义 SDN 控制器。

OpenDaylight 以元素周期表中的元素名称作为版本号，每 6 个月更新一次版本。2014 年 2 月 4 日，OpenDaylight 发布了第一个版本——Hydrogen，得到了业界的关注，引起了一番轰动。第一个版本发布之后，OpenDaylight 迅速发展，很快成为极具潜力的 SDN 控制器。而相比之下，业界对以 Ryu 和 Floodlight 为代表的功能单一的 SDN 控制器的关注度大大降低，OpenDaylight 成为当时 SDN 业界极受瞩目的开源 SDN 控制器。

OpenDaylight 与其他 SDN 控制器架构的明显差别是 OpenDaylight 引入了 SAL。SAL 主要完成插件的管理，包括注册、注销和功能的抽象等。但 Hydrogen 版本不够成熟，代码中出现了两种实现方式：一种是 AD-SAL（后来被弃用），另一种是 MD-SAL。

2014 年 9 月 29 日，OpenDaylight 的 Helium 版本发布。此后，官方连续发布了 Helium 版本的两个子版本。Helium 版本增加了与 OpenStack 集成的插件，提供了一个体验更好的交互界面，性能也比 Hydrogen 版本提升了许多。在此版本中，OpenDaylight 抛弃了 AD-SAL，转而全面使用 MD-SAL，并且增加了 NFV 的相关模块。

2015 年 6 月 29 日，OpenDaylight 的 Lithium 版本发布。Lithium 版本增加了对 OpenStack 的支持，并针对之前的安全漏洞进行了修复，可拓展性和性能都得到了提升。此外，该版本加大了在 NFV 方面的开发投入。与 Helium 版本相比，Lithium 版本的稳定性等性能得到了提高，图形用户界面也得到了进一步美化，总体而言，其功能比 Helium 版本增强了许多。

2016 年 2 月，OpenDaylight 的 Beryllium 版本发布。新版本进一步提升了性能和可拓展性，也提供了更加丰富的应用案例。相比前一个版本，此版本没有太大的改变。

2016 年 9 月，OpenDaylight 的新版本 Boron 终于发布。Boron 版本继续对性能进行了提升，也在用户体验方面做了优化。此外，该版本在云和 NFV 方面增加了若干新模块，进一步支持云和 NFV。值得一提的是，这些新增的模块中有大约一半是由 OpenDaylight 的用户提出的，其中有 AT&T 公司主导的 YANG IDE 模块。从 Boron 版本开始，OpenDaylight 提倡由用户来引领创新，鼓励更多的社区用户参与到 OpenDaylight 的开发中，一起推动 OpenDaylight 的发展。

OpenDaylight 是一个很庞大的开源项目，它的社区成员包括许多组织和企业，如 AT&T、思科和腾讯等公司。由于组织和企业本身的利益不同，它们加入 OpenDaylight 的目的也各不相同，而出于企业战略考虑，社区中的各成员的策略各不相同，如 Big Switch 公司放弃了该项目、VMware 公司减少了投资，但惠普公司增加了赞助资金，升级为 OpenDaylight 社区的铂金会员。

7.2 OpenDaylight 的架构分析

第 5 章对 OpenDaylight 的总体框架进行了介绍，本节将对 OpenDaylight 的架构进行进一步分析。

OpenDaylight 是一个基于 SDN 开发的模块化、可扩展、可升级、支持多协议的控制器框架。其引入 SAL 屏蔽了不同协议的差异性，支持多种南向接口协议插件。其北向接口可扩展性强，REST API 用于松耦合应用，OSGi API 用于紧耦合应用。OpenDaylight 采用 OSGi框架，实现了模块化和可扩展化，为 OSGi 模块和服务提供了版本管理和周期管理。

OpenDaylight 可以运行在任何支持 Java 的平台上，其架构如图 7-1 所示，大体分为 3部分，即网络 App 和业务流程层、控制器平台层以及物理和虚拟网络设备层，并用北向接口与南向接口将 3 部分连接起来。控制器向应用层提供北向接口，应用层使用控制器收集信息、利用控制器进行分析、部署新的网络规则等。南向接口可支持多种协议，如 OpenFlow 1.0、OpenFlow 1.3、BGP-LS 等，这些协议插件动态地连接在 SAL 上。

下面将对 OpenDaylight 的架构进行详细分析。

1. 物理和虚拟网络设备层

物理和虚拟网络设备层是 OpenDaylight 架构的最底层，它由物理设备、虚拟设备组成，如交换机、路由器等在网络端点间建立连接，支持混合式交换机和经典 OpenFlow 交换机。

2. 南向接口和协议模块

南向接口是 OpenDaylight 向下层提供的接口，它支持多种协议，如 OpenFlow 1.0、OpenFlow 1.3、OVSDB、NETCONF、LISP、BGP、PCEP 和 SNMP 等。这些协议模块以插件的方式动态地挂载在 SAL 上。南向接口使用 Netty 来管理底层的并发 IO。Netty 是异步的、事件驱动的网络应用框架，该框架健壮性、可扩展性良好，具有延时低、节省资源等特点。Netty 使用简单、功能强大，支持多种主流协议；定制性强，可以通过 ChannelHandler 对通信框架进行灵活扩展，适用于支持多种协议的南向接口。

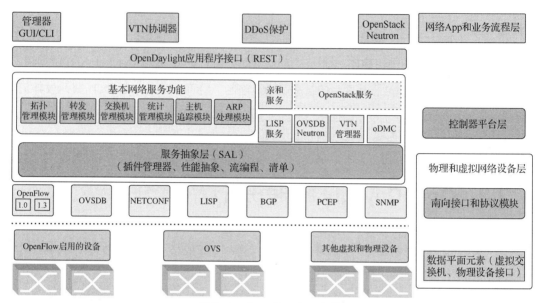

图 7-1　OpenDaylight 架构

协议模块主要有 OpenFlow、OVSDB、NETCONF、LISP、BGP、PCEP 和 SNMP 等，其中 OpenFlow 极具代表性。OpenFlow 是控制器与交换机之间的通信准则，用于管理网络设备会话连接及协议交互，既能监听底层设备的消息，又能将上层请求下发到底层设备，还支持链路发现服务。

为了使用以太网交换机创建 SDN，OpenDaylight 架构提出了南向接口插件，如图 7-2 所示，可通过这个插件中的 SNMP 或 CLI 将流配置安装到以太网交换机的转发表、ACL 和 VLAN 表中，并需要扩展到 SAL API，以支持一些设置。

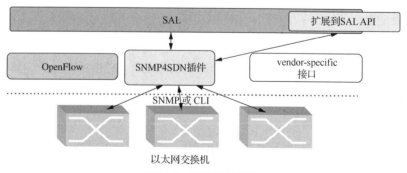

图 7-2　南向接口插件

其中, OVSDB 用于实现 OVS 数据库管理协议, 允许南向接口配置虚拟交换机; 而 LISP 与 LISP 服务相互协作, 为数据平台设备提供了映射服务; BGP 用于支持 BGP 链路状态分布, 是网络层拓扑信息的来源; 而 PCEP 用于支持路径计算单元协议, 为底层网络实例化路径。

3. 控制器平台层

（1）基本网络服务功能。

控制器基本网络服务功能模块包含拓扑管理模块、统计管理模块、交换机管理模块、转发管理模块、主机追踪模块、ARP 处理模块等。控制器需要知道设备的能力及可到达性等才能控制设备, 这些信息由拓扑管理模块存储、管理。而 ARP 处理模块、主机追踪模块、交换机管理模块等可用于生成拓扑数据库。

拓扑管理模块用于管理拓扑图, 但它不是独立运作的, 需要其他模块协助才能实现拓扑管理功能。此模块用于管理节点、连接、主机等信息, 负责拓扑计算。拓扑管理模块与 OpenFlow 协议模块、ARP 处理模块和 SAL 模块等紧密联系, 通过与这些模块的交互获取节点、连接、主机等信息。例如, 协议模块中的 DiscoveryService 用于向拓扑管理模块提供交换机节点及链路信息, 主机追踪模块用于提供主机信息。

统计管理模块用于收集流、端口、表的统计信息, 并开放相关 API。

交换机管理模块用于管理南向接口连接的底层设备。

转发管理模块负责管理转发规则, 以增、删、改、查流规则, 由上层下达事件或由底层上报事件。该模块循环读取事件, 并对不同的事件进行针对性处理。

主机追踪模块负责追踪主机信息, 记录主机的 IP 地址、MAC 地址、VLAN 以及连接交换机的节点和端口信息。该模块依赖于 ARP 处理模块, 当 ARP 处理模块发现是单播发送 ARP 数据包时, 通知主机追踪模块学习主机信息。该模块接收到主机上报的 ARP 消息时, 先判断主机信息是否已经存在, 若不存在, 则缓存主机信息并下发新增规则消息; 若存在, 则删除旧信息, 缓存新信息并下发新增规则消息。

ARP 处理模块用于监听 IPv4 和 ARP 数据包, 从中获取主机相关信息, 并根据不同情况产生不同反应。拓扑管理模块与主机追踪模块都依赖于该模块。OpenFlow 协议模块收到 ARP 或 IPv4 数据包后交给 SAL, SAL 转交给 ARP 处理模块。ARP 处理模块对这两种数据包分别进行处理, 若是 IPv4 数据包, 则进入 handlePuntedIPPacket 处理流程; 若是 ARP 数据包, 则进入 handleARPPacket 处理分支流程。

（2）拓展服务功能。

拓展服务功能包括亲和服务、OpenStack 服务、LISP 服务、OVSDB Neutron、VTN 管理器和 oDMC。

① 亲和服务是关联元数据服务模块，作为外部应用程序的主导，用于表达工作量关系和服务水平。如图 7-3 所示，控制器平台层从工作量交流过程中获取明确需求，最大化地组合资源使用方式，以保证底层设备适应应用程序，而不是应用程序适应底层设备。其将网络消费转变为自助服务，从需求模式转变为云流量模式。前者从客户角度来看，消费是别人给的，自助是自己取的；而后者从服务提供者角度来看，需求模式是客户提出请求后提供服务，云流量模式是把许多服务资源放在某处，由客户自己取用。该模块具有一个抽象的 API，屏蔽了细微差别和底层基础架构的复杂性，允许 OpenDaylight 和应用程序创建与底层基础设施类型无关的拓扑结构和设施，使开发者能够更快速、轻松地开发应用程序。

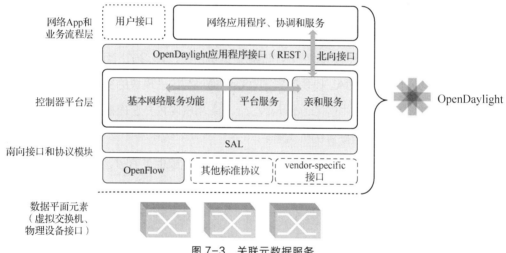

图 7-3　关联元数据服务

② OpenStack 服务模块用于提供 OpenStack 对接服务，OpenStack 的宗旨是帮助组织运行虚拟计算或存储服务的云，既为公有云、私有云，又为大云、小云提供可扩展的、灵活的云计算。该模块用于与 OpenStack 对接，添加 OpenStack 插件并利用 OpenStack 的功能。

③ LISP 服务模块用于创建虚拟网络的 LISP 映射服务。由于 IP 地址兼具定位符和标识符两个功能，因此导致 IP 地址语义过载，全局路由表不断增长。于是将 IP 地址分为终端标识（End Identifier，EID）和路由定位器（Routable Locator，RLOC），EID 用于标识主机，不具备全局路由，RLOC 用于全局路由。定位器/ID 分离协议（Locator/ID Separation Protocol，LISP）服务模块采用分级结构进行映射系统设计，通过映射系统实现 EID 到 RLOC 的映射解析。

LISP 流映射提供 LISP 的相关服务，如图 7-4 所示，分别为数据平台节点和应用程序提供、存储映射数据。映射数据包含虚拟节点所在的虚拟地址到物理地址的映射，以及一些路由规则。应用程序和服务可以通过北向接口定义 LISP 流映射服务的映射和规则。数据平台设备则通过 LISP、北向接口连接 LISP 插件，并使用映射服务。

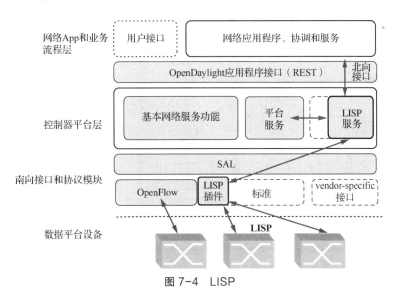

图 7-4　LISP

OVSDB Neutron 模块支持 OVS 数据库管理和配置协议。

VTN 管理器是 Floodlight 的一种插件，与 VTN 协调器相互配合，提供 REST API 以便配置 OpenDaylight 的 VTN 组件。

④ Open DOVE 管理控制台（Open DOVE Management Console，oDMC）多用于多用户网络虚拟化应用，oDMC 体系结构如图 7-5 所示。其中，分布式虚拟覆盖网络（Distributed Overlay Virtual Network，DOVE）是一个网络虚拟平台，在虚拟数据中心的任何 IP 网络中提供多用户网络。DOVE 为每个用户提供了一个虚拟网络抽象层，以及 2、3 层的连接，使用控制策略以控制通信。DOVE 中的集群提供了地址传播和策略执行服务，还兼具网关功能，保证了虚拟网络中的虚拟机和外部主机的通信。

oDMC 向应用层提供了 API，用户可以通过 oDMC 创建、管理虚拟网络，还可以绘制简单、基本的用户界面。oDMC 用于配置网关，可配置虚拟网络与外界非虚拟网络的连接。分布式控制系统（Distributed Control System，DCS）为虚拟交换机提供了地址和策略信息。

除了以上模块外，OpenDaylight 还可以扩展其他模块，OpenDaylight 采用了 OSGi 框架，将功能模块化，实现了一个完整和动态的组件模型。各个模块间进行封装，功能模块间相互隔离，可以动态地加载、卸载模块而无须停用 Java 虚拟机平台。这个特点符合 OpenDaylight 的需求，允许插入不同的应用和协议以满足不同使用者的需求，支持不同供应商的决策。模块被称为事件。其中，以 JAR 文件和 manifest 文件为基础的事件显示了应该向其他模块输出什么、从其他模块接收什么，负责模块间的交互管理。各种功能项目以事件的身份插入框架，形成一系列 Java 接口，向外提供服务。

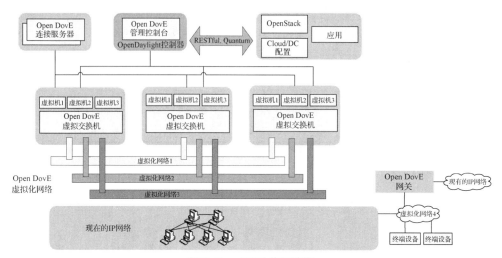

图 7-5　oDMC 体系结构

（3）服务抽象层。

服务抽象层（SAL）模块是控制器模块化设计的核心，支持多种南向接口协议，屏蔽了协议间的差异，为上层模块和应用提供了一致性的服务。如图 7-6 所示，SAL 根据插件提供的特性来构建服务，服务请求被 SAL 映射到合适的插件上，采用合适的南向接口协议与底层设备进行交互，各个插件之间独立并与 SAL 松耦合。SAL 提供的服务有数据包服务（Data Packet Service）、拓扑服务（Topology Service）、流编程服务（Flow Programming Service）、资源查询服务（Resource Query Service）、连接服务（Connection Service）、统计服务（Statistics Service）、清单服务（Inventory Service）等。其中，数据包服务主要用于转发底层与上层模块间的数据流；拓扑服务是一套传递拓扑信息的服务集合；流编程服务主要用于下发流表请求到 SDN 南向接口协议插件，为流规则管理模块提供增加、删除、修改流的功能，并提供对流的监听服务；资源查询服务用于派发硬件信息查询请求给南向接口协议模块，并通知监听器发生的变化；连接服务用于传递上层模块的节点连接、断连、本地状态查询请求，以及通知监听器集群视图变化等。

SAL 将服务提供给向其注册过的北向模块，计算出如何在不依赖底层协议的情况下满足北向服务需求，这样可以屏蔽底层协议的差异性，对上层应用进行保护。OpenFlow 与其他协议的发展不会对上层应用造成影响。

4. 北向接口

控制器平台层向上层提供的接口称之为北向接口，OpenDaylight 定义了标准化北向接口，意图打造开放、统一的控制平台。北向接口分为 OSGi API 和 REST API 两种。其中，OSGi API 适用于需要模块化、面向服务、面向组件的应用，极大地增强了功能模块的可扩展性，方便了功能模块的选择性加载，也便于协同工作；REST API 以资源的角度观察整个网络，分布在各处的资源由统一资源定位符（Uniform Resource Locator，URL）确定。因此，地址空间与控制器相同的应用使用 OSGi API，地址空间与控制器不同的应用使用 REST API。

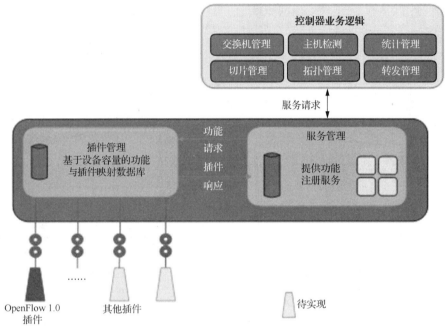

图 7-6　SAL 框架

5. 网络 App 和业务流程层

OpenDaylight 是为了推动 SDN 发展而诞生的，因此 OpenDaylight 存在的最终目的是推动 SDN 的发展，促进 SDN 产业化。传统网络体系庞大、不堪重负、结构复杂、更新困难，人们针对其所存在的问题提出了 SDN，SDN 目的是实现网络的可控性和可编程性。网络 App 和业务流程层就是控制和编程的平台，此层包括一些网络应用和事件，可以控制、引导整个网络。利用这一层，用户可以根据需求调用下层模块，享受下层提供的服务，下层可以根据用户需求提供不同等级的服务，大大提高了网络的灵活性。也可以利用控制器部署新规则，掌握整个网络，实现控制与转发的分离。其中，复杂的服务需要与云计算和网络虚拟化相结合。

此层主要有管理器 GUI/CLI、VTN 协调器、DDoS 保护和 OpenStack Neutron。

DDoS 保护是一个监测、缓和分布式拒绝服务攻击的 SDN 应用，如图 7-7 所示，该应用通过 OpenDaylight 北向 REST API 与 OpenDaylight 通信。DDoS 保护主要起到两个作用，即控制保护流量的行为，以及转移被攻击流量到所选的活动管理器服务（Activity Manager Service，AMS）。

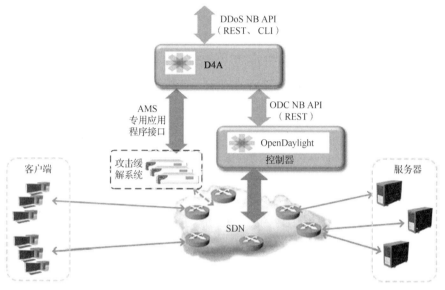

图 7-7　DDos 保护

VTN 技术是 OpenDaylight 所用技术的特色之一，其使用了 VTN 虚拟化技术，为用户提供 REST API，能与 VTN 管理器插件相互作用实施用户配置，并具有多控制器编制能力。

VTN 架构如图 7-8 所示，从图中可以看出，VTN 共分为两个模块：VTN 协调器和 VTN 管理器。VTN 通过映射机制将虚拟网络资源（如端口、网桥、路由）映射到物理资源上，数据包在用户内的转发其实是在物理资源上进行的，隔离机制是指利用 OpenFlow 协议，转发时在支持 OpenFlow 协议的交换机上通过流表判断包的转发方向。

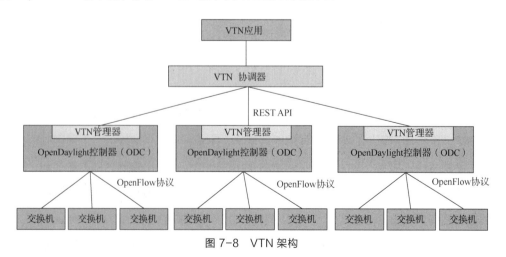

图 7-8　VTN 架构

VTN 管理器是 OpenDaylight 控制器上的一个功能插件,它通过控制器上的其他功能模块进行交互从而部署 VTN 功能。它同样通过 REST API 来配置控制器上的 VTN 组件(如增加、更新、删除 VTN)。用户命令被 VTN 协调器处理后通过 VTN 协调器底层的 ODC 驱动组件转换为 REST API 发送给 VTN 管理器。

VTN 协调器是外置的一个网络应用,通过 OpenDaylight 上的 VTN 管理器提供的北向 REST API,向上层 VTN 应用用户提供虚拟网络功能。

7.3 OpenDaylight 的安装

OpenDaylight 有多个版本,本节采用 OpenDaylight 的 Helium 版本进行介绍,详情可参考 OpenDaylight 官网。

OpenDaylight 的安装相对简单,需要注意的是,在安装 OpenDaylight 之前需要安装 JDK,不同的 OpenDaylight 所需的系统环境也有所不同。例如,Helium 版本所需的 JDK 为 JDK 1.7.x,必须使用这个版本;若要安装 OpenDaylight 0.11.1,则要求 JDK 必须为 JDK 1.8 以上,如图 7-9 所示。

```
root@ubuntu:/home/ogj/opendaylight-0.11.1/bin# java -version
java version "1.7.0_201"
OpenJDK Runtime Environment (IcedTea 2.6.17) (7u211-2.6.17-0ubuntu0.1)
OpenJDK 64-Bit Server VM (build 24.201-b00, mixed mode)
root@ubuntu:/home/ogj/opendaylight-0.11.1/bin# ./karaf
karaf: JVM must be greater than 1.8
root@ubuntu:/home/ogj/opendaylight-0.11.1/bin#
```

图 7-9 JDK 的版本

安装 JDK 的步骤如下。

1. 安装相应的库和 Java

(1)安装相应的库。

```
# apt-get install git-core gnupg flex bison gperf build-essential zip curl zlib1g-dev
gcc-multilib g++-multiliblibc6-dev-i386 lib32ncurses5-dev ia32-libs x11proto-core-dev
libx11-dev lib32readline5-dev lib32z-de
```

(2)手动安装 Java。

```
http://www.oracle.com/technetwork/java/javase/downloads/java-archive-downloads-
javase6-419409.html#jdk-6u45-oth-JPR
```

这里下载的是 jdk-6u45-linux-x64.bin,下载后将该文件放置到/home/ogj 目录下(/home/ogj 为工作目录,可以根据实际目录选择路径)。给 jdk-6u45-linux-x64.bin 文件添加执行权限,执行如下命令。

```
chmod +x jdk-6u45-linux-x64.bin
```

执行如下命令，对该文件进行安装。

```
./jdk-6u45-linux-x64.bin
```

安装完成后，执行如下命令，修改环境变量 bashrc 或.profile。

```
gedit .profile
```

打开 profile 文件，在该文件中添加如下代码。

1. export JAVA_HOME=/home/ogj/jdk1.6.0_45/
2. export PATH=$JAVA_HOME/bin:$PATH
3. export classPath=$JAVA_HOME

保存文件并退出。至此，手动安装 Java 完成，可在系统中测试安装的 Java 版本，如图 7-10 所示。

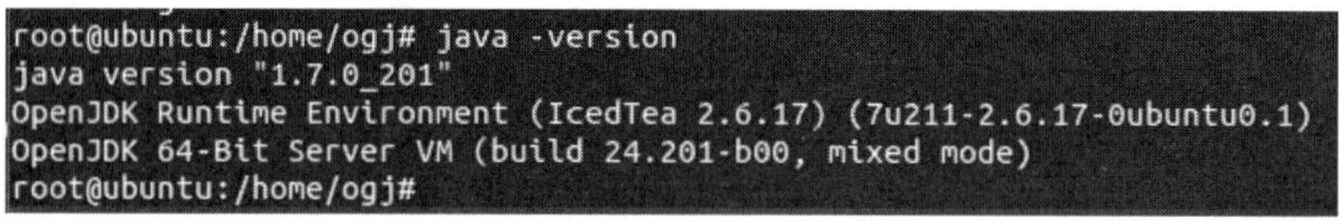

```
root@ubuntu:/home/ogj# java -version
java version "1.7.0_201"
OpenJDK Runtime Environment (IcedTea 2.6.17) (7u211-2.6.17-0ubuntu0.1)
OpenJDK 64-Bit Server VM (build 24.201-b00, mixed mode)
root@ubuntu:/home/ogj#
```

图 7-10　测试安装的 Java 版本

2. 安装 OpenDaylight

在成功安装好 Java 后，安装 OpenDaylight 的 Helium 版本，安装步骤如下。

（1）下载 Helium-SR4。

1. #wget
   https://nexus.opendaylight.org/content/groups/public/org/opendaylight/integration/distribution-karaf/0.2.4-Helium-SR4/distribution-karaf-0.2.4-Helium-SR4.tar.gz

（2）解压文件。

1. tar -zvxf distribution-karaf-0.2.4-Helium-SR4.tar.gz

（3）进入 distribution-karaf-0.2.4-Helium-SR4 文件夹。

1. cd distribution-karaf-0.2.4-Helium-SR4

（4）进行相关编辑。

1. root@ubuntu:/home/ogj/ distribution-karaf-0.2.4-Helium-SR4# vim etc/org.apache.karaf.management.cfg

更改文件 org.apache.karaf.management.cfg 中的两个变量的值。

1. rmiRegistryHost = 127.0.0.1
2. rmiServerHost = 127.0.0.1

（5）运行 OpenDaylight。

1. # ./bin/karaf

其运行结果如图 7-11 所示。

需要强调的是，不同的 OpenDaylight 版本对 Java 版本有不同的要求。另外，第一次启动 OpenDaylight 后，需要安装相关组件，OpenDaylight 官网的 Karaf OpenDaylight

Features 中列出了需要安装的相关组件，并给出了对应的名称，如图 7-12 所示。

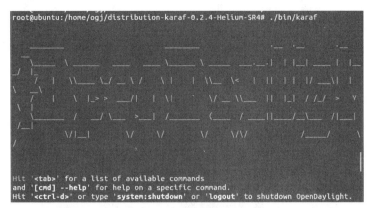

图 7-11　OpenDaylight 运行结果

Karaf OpenDaylight Features

Karaf OpenDaylight features

Feature Name	Feature Description	Karaf feature name	Compatibility
Authentication	Enables authentication with support for federation using Apache Shiro	odl-aaa-shiro	all
BGP	Provides support for Border Gateway Protocol (including Link-State Distribution) as a source of L3 topology information	odl-bgpcep-bgp	all
BMP	Provides support for BGP Monitoring Protocol as a monitoring station	odl-bgpcep-bmp	all
DIDM	Device Identification and Driver Management	odl-didm-all	all
Centinel	Provides interfaces for streaming analytics	odl-centinel-all	all
DLUX	Provides an intuitive graphical user interface for OpenDaylight	odl-dlux-all	all
Fabric as a Service (Faas)	Creates a common abstraction layer on top of a physical network so northbound APIs or services can be more easiliy mapped onto the physical network as a concrete device configuration	odl-faas-all	all
Group Based Policy	Enables Endpoint Registry and Policy Repository REST APIs and associated functionality for Group Based Policy with the default renderer for OpenFlow renderers	odl-groupbasedpolicy-ofoverlay	all

图 7-12　需要安装的相关组件

下面通过命令行界面安装所需的组件。

```
1.   opendaylight-user@root>feature:install odl-aaa-shiro
2.   opendaylight-user@root>feature:install odl-bgpcep-bgp
3.   opendaylight-user@root>feature:install odl-bgpcep-bmp
4.   opendaylight-user@root>feature:install odl-didm-all
5.   opendaylight-user@root>feature:install odl-centinel-all
6.   opendaylight-user@root>feature:install odl-dlux-all
7.   opendaylight-user@root>feature:install odl-Faas-all
8.   opendaylight-user@root>feature:install odl-groupbasedpolicy-ofoverlay
```

需要注意的是，这些组件必须正确安装，若无法正确安装，则会出现图 7-13 所示的情况，且无法通过浏览器进入 OpenDaylight，如图 7-14 所示。

若一切顺利，则可以打开浏览器，在地址栏中输入网址 http://localhost:8181/index.html，进入 OpenDaylight，其默认账号和密码均为 admin，如图 7-15 所示。

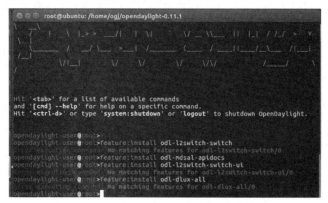

图 7-13　无法正确安装的部分组件

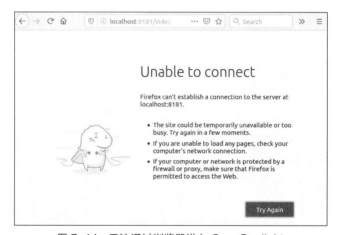

图 7-14　无法通过浏览器进入 OpenDaylight

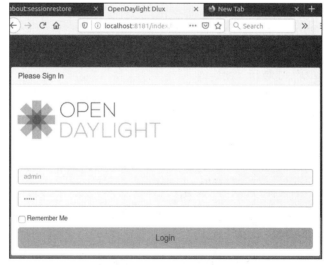

图 7-15　进入 OpenDaylight

输入账号和密码后，进入登录后的界面，如图 7-16 所示。

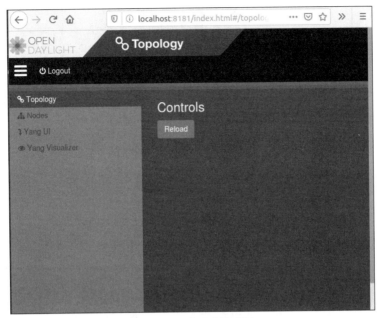

图 7-16　登录后的界面

7.4　OpenDaylight 的应用实例

本节主要对 OpenDaylight 的应用实例进行讲解，读者通过学习该应用实例，可进一步理解 SDN，掌握 OVS 下发流表操作，掌握添加、删除流表的命令并理解设备通信的原理。

7.4.1　实例介绍

在 SDN 环境下，当交换机收到一个数据包且交换机中没有与该数据包匹配的流表项时，交换机将此数据包发送给控制器，由控制器决策数据包如何处理。控制器下发决策后，交换机根据控制器下发的决策处理数据包，即转发或者丢弃该数据包。对于交换机的转发行为，可以通过对流表的操作进行控制。

此实例基于一台 Helium 版本的 OpenDaylight 虚拟机和一台 Mininet 计算机进行模拟。在已安装相关环境的虚拟机中启动 OpenDaylight 和 Mininet，Mininet 创建了一个默认树形拓扑并选择 Mininet 的控制器为 OpenDaylight，进行基本的添加、删除流表操作，使网络实现通信，实例拓扑结构如图 7-17 所示。

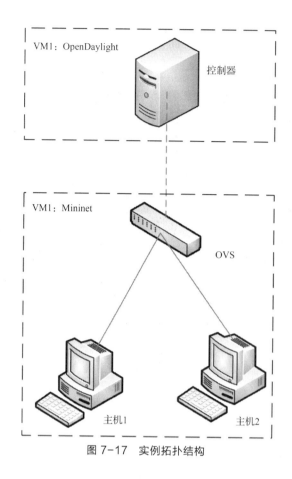

VM1：OpenDaylight

控制器

VM1：Mininet

OVS

主机1　　　　　　主机2

图 7-17　实例拓扑结构

7.4.2　实例开发

由于此实例是基于一台 OpenDaylight Helium 虚拟机和一台 Mininet 计算机进行模拟流表操作的，因此在进行流表操作之前，可先验证 OpenDaylight Helium 能否与 Mininet 以 OpenFlow 1.3 协议进行通信。

1. 启动 OpenDaylight

启动 OpenDaylight Helium，通过 Mininet 启用 OpenFlow 1.3 协议并连接至 OpenDaylight 控制器，执行如下命令。

```
1.   # mn --mac --switch ovsk,protocols=OpenFlow13 --controller=remote,ip=192.
168.5.48,port=6633
```

启动 OpenFlow 1.3 协议的 Mininet，如图 7-18 所示。

从图 7-18 中可以看到 Mininet 端使用了 OpenFlow 1.3 协议，执行 pingall 命令，查看 Mininet 中的主机能否正常通信，如图 7-19 所示。

```
root@ubuntu:/home/ubuntu# mn --mac --switch ovsk,protocols=OpenFlow13 --controll
er=remote,ip=192.168.5.48,port=6633
*** Creating network
*** Adding controller
*** Adding hosts:
h1 h2
*** Adding switches:
protocols=OpenFlow13
s1
*** Adding links:
(h1, s1) (h2, s1)
*** Configuring hosts
h1 h2
*** Starting controller
*** Starting 1 switches
s1
*** Starting CLI:
mininet>
```

图 7-18　启用 OpenFlow 1.3 协议的 Mininet

```
mininet>pingall
*** ping:testing ping reachability
h1 -> h2
h2 -> h1
*** Results:0% dropped (2/2 received)
```

图 7-19　查看 Mininet 中的主机能否正常通信

从图 7-19 中可以看出主机能正常通信，进入 OpenDaylight 的 Web 界面，从该界面中可以看到当前网络的图形化拓扑，如图 7-20 所示。

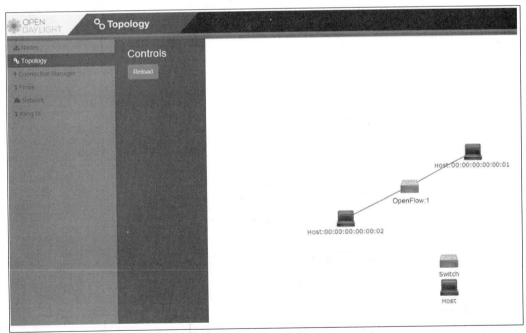

图 7-20　当前网络的图形化拓扑

但是此时无法完全确定 OpenDaylight 和 Mininet 是否是使用 OpenFlow 1.3 协议进行通信的，下面进行具体验证。

在 Mininet 端通过查看 OpenFlow 1.3 交换机和流表信息的方式进行验证，执行如下命令。

1.　#ovs-ofctl –O OpenFlow13 show s1

查看到的 OpenFlow 1.3 交换机信息如图 7-21 所示。

```
root@ubuntu:~# ovs-ofctl -O OpenFlow13 show s1
OFPT_FEATURES_REPLY (OF1.3) (xid=0x2): dpid:0000000000000001
n_tables:254, n_buffers:256
capabilities: FLOW_STATS TABLE_STATS PORT_STATS QUEUE_STATS
OFPT_GET_CONFIG_REPLY (OF1.3) (xid=0x4): frags=normal miss_send_len=0
```

图 7-21　查看到的 OpenFlow 1.3 交换机信息

由图 7-21 可以完全确定 OpenDaylight 和 Mininet 是使用 OpenFlow 1.3 协议进行通信的。

2. 流表操作

（1）环境搭建。

① 在实例平台的首页中单击"创建虚网"按钮，进入创建虚网界面，如图 7-22 所示。虚网名称以"流表操作实验"为例。

图 7-22　创建虚网界面

单击"下一步"按钮，选择设备拓扑，如图 7-23 所示。单击"下一步"按钮，继续进行配置，最后单击"创建"按钮，虚网创建成功。

② 创建控制器，选择创建 OpenDaylight 控制器。

③ 在虚网详情界面中单击"网关"选项卡中的" "按钮，添加网关，如图 7-24 所示。

④ 创建两台虚拟机，一台选择 OpenDaylight 镜像的虚拟机作为控制器（注意，内存要大于 2GB），另一台选择 Mininet 镜像作为所需的 Mininet，已创建的虚拟机如图 7-25 所示。

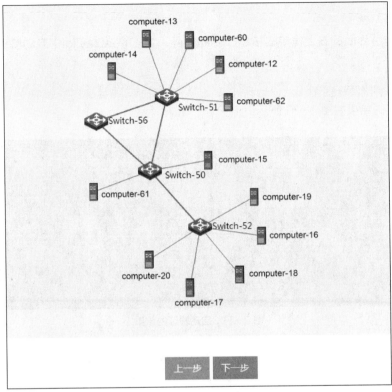

图 7-23　选择设备拓扑

图 7-24　添加网关

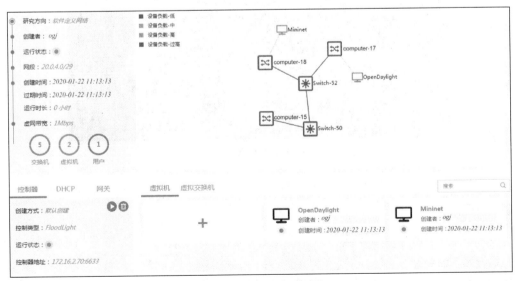

图 7-25　已创建的虚拟机

（2）启动验证。

在虚网详情界面的右上角单击按钮，启动虚网。为 OpenDaylight 启动验证，执行如下命令。

```
1.    #ps –ef|grep karaf
```

启动验证的结果如图 7-26 所示。

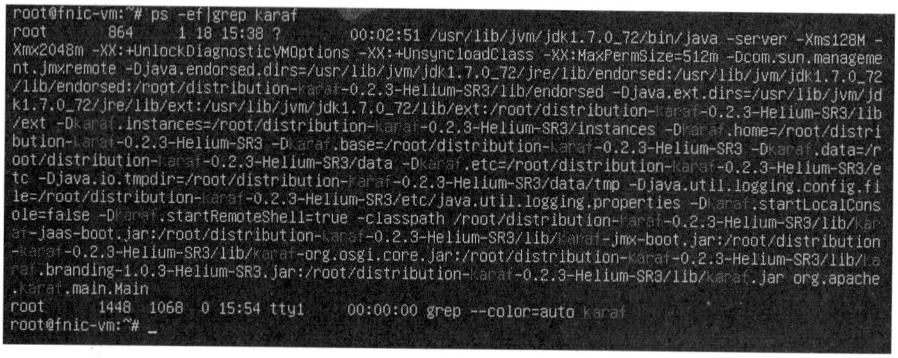

图 7-26　启动验证的结果

需要注意的是，虚拟机启动后，OpenDaylight 进程会跟随虚拟机自启动。

因为选择的是控制器镜像，所以生成的 IP 地址与 Mininet 的 IP 地址属于不同网段，需要将 OpenDaylight 所在目录/etc/network/interfaces 下的静态 IP 地址进行注释，并将 IP 地址修改成 DHCP 模式，如图 7-27 所示。

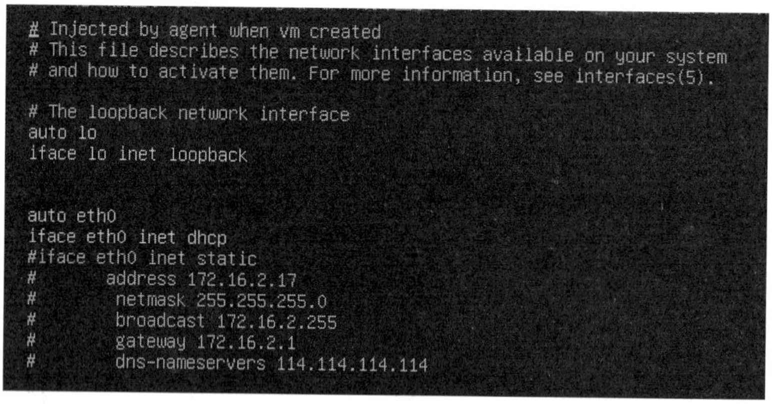

图 7-27　将 IP 地址修改成 DHCP 模式

修改成功后，重启虚拟机，重启后，其 IP 地址即与 Mininet 的 IP 地址属于同一网段，且能够相互通信。

（3）创建拓扑并连接控制器。

执行如下命令。

```
1.    #mn –controller=remote,ip=20.0.4.4,port=6633
```

（4）流表的简单操作。

查看交换机上的流表，显示的是数据流指向控制器，使控制器下发流表，执行如下命令，如图 7-28 所示。

1. mininet>sh ovs-ofctl dump-flows s1

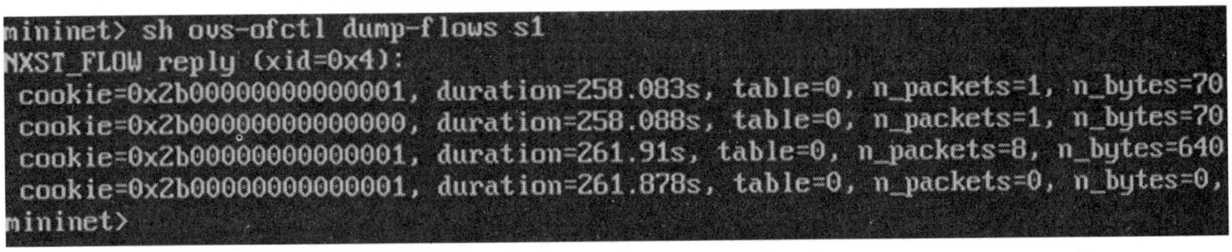

图 7-28　查看交换机上的流表

查看交换机 s1 中的流表，其应多出两条控制器下发的流表，如图 7-29 所示。

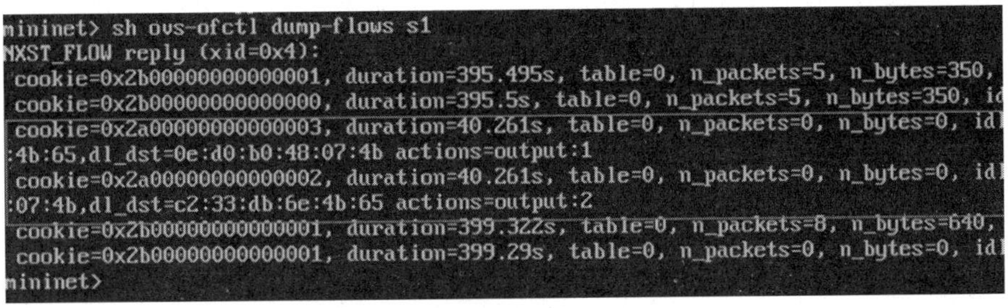

图 7-29　查看交换机 s1 中的流表

从图 7-29 中可以看到每条流表由一系列字段组成，包括基本字段、条件字段和动作字段 3 部分。有了流表后，交换机既可以根据流表进行数据包的操作，又可以通过人工的方式进行流表的新增、修改、删除操作，这里可直接在终端下输入命令。

（5）删除流表。

删除条件字段中包含 in_port=2 的所有流表，即将含有 in_port=2 的所有流表删除，执行如下命令。

1. mininet>sh ovs-ofctl del-flows s1 in_port=2

删除流表的结果如图 7-30 所示。

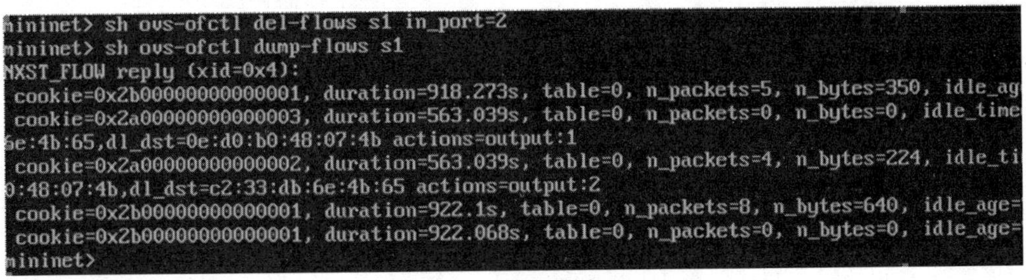

图 7-30　删除流表的结果

本章小结

　　本章详细介绍了 OpenDaylight 的应用实践，包括 OpenDaylight 简介、OpenDaylight 的架构分析、OpenDaylight 的安装，对 OpenDaylight 的安装及注意事项进行了详细阐述，并对 OpenDaylight 的应用实例进行了讲解，有利于读者更深入地理解 OpenDaylight 及 SDN。

习题

1. OpenDaylight 的定义是什么？
2. OpenDaylight 能实现什么功能？
3. OpenDaylight 控制器可分为哪几个部分？
4. OpenDaylight 控制器平台层的基本网络服务功能有哪些？
5. 服务抽象层的作用是什么？